U0178663

创意家装设计灵感集

时尚 ◆卷

创意家装设计灵感集编写组 编

机械工业出版社
CHINA MACHINE PRESS

本套丛书甄选了2000余幅国内新锐设计师的优秀作品，对家庭装修设计中的材料、软装及色彩等元素进行全方位的专业解析，以精彩的搭配与设计激发读者的创作灵感。本套丛书共包括典雅卷、时尚卷、奢华卷、个性卷、清新卷5个分册，每个分册均包含了电视墙、客厅、餐厅、卧室4个家庭装修中最重要的部分。各部分占用的篇幅约为：电视墙30%、客厅40%、餐厅15%、卧室15%。本书内容丰富、案例精美，深入浅出地将理论知识与实践完美结合，为室内设计师及广大读者提供有效参考。

图书在版编目（CIP）数据

创意家装设计灵感集. 时尚卷 / 创意家装设计灵感
集编写组编. — 北京：机械工业出版社，2020.5
ISBN 978-7-111-65292-2

Ⅰ.①创… Ⅱ.①创… Ⅲ.①住宅-室内装饰设计-
图集 Ⅳ.①TU241-64

中国版本图书馆CIP数据核字(2020)第059243号

机械工业出版社（北京市百万庄大街22号 邮政编码 100037）
策划编辑：宋晓磊　　　　 责任编辑：宋晓磊 李宣敏
责任校对：李 婷 张 征 责任印制：孙 炜
北京联兴盛业印刷股份有限公司印刷

2020年5月第1版第1次印刷
169mm×239mm·8印张·2插页·154千字
标准书号：ISBN 978-7-111-65292-2
定价：39.00元

电话服务　　　　　　　网络服务
客服电话：010-88361066　机 工 官 网：www.cmpbook.com
　　　　　010-88379833　机 工 官 博：weibo.com/cmp1952
　　　　　010-68326294　金 书 网：www.golden-book.com
封底无防伪标均为盗版　机工教育服务网：www.cmpedu.com

前 言

在家庭装修中,设计、选材、施工是不容忽视的重要环节,它们直接影响到家庭装修的品位、造价和质量。因此,除了选择合适的装修风格之外,应对设计、选材、施工具有一定的掌握能力,才能保证家庭装修的顺利完成。此外,在家居装修设计中,不同的色彩会产生不同的视觉感受,不同的风格有不同的配色手法,不同的材质也有不同的搭配技巧,打造一个让人感到舒适、放松的家居空间,是家庭装修的最终目标。

本套丛书通过对大量案例灵感的解析,深度诠释了对家居风格、色彩、材料及软装的搭配与设计,从而营造出一个或清新自然、或奢华大气、或典雅秀丽、或个性时尚的家居空间格调。本套丛书共包括5个分册,以典雅、时尚、奢华、个性、清新5种当下流行的装修格调为基础,甄选出大量新锐设计师的优秀作品,通过直观的方式以及更便利的使用习惯进行分类,以求让读者更有效地了解装修常识,从而激发灵感,打造出一个让人感到放松、舒适的居室空间。每个分册均包含家庭装修中最重要的电视墙、客厅、餐厅和卧室4个部分的设计图例。各部分占用的篇幅分别约为:电视墙30%、客厅40%、餐厅15%、卧室15%。针对特色材料的特点、选购及施工注意事项、搭配运用等进行了详细讲解。

我们将基础理论知识与实践操作完美结合,打造出一个内容丰富、案例精美的灵感借鉴参考集,力求为读者提供真实有效的参考依据。

目 录

时尚型电视墙装饰材料

利用人造装饰板、玻璃、金属、塑料等材料来装饰电视墙，充分表现出现代时尚风格的功能美。没有夸张的造型，仅强调材料的个性化使用，是现代时尚风格的设计原则。

Part ①

时·尚·卷

电视墙

① 有色乳胶漆
② 水曲柳饰面板
③ 木质搁板
④ 木纹大理石
⑤ 装饰硬包
⑥ 茶镜装饰线

图1

木饰面板与电视柜的连体式设计，令墙面表现出很好的整体感，与素色墙漆搭配，素雅而简洁。

图2

搁板具有良好的装饰效果，与素色墙漆搭配，层次分明。

图3

客厅以浅木色与茶色为主，木纹大理石搭配茶色镜面，提升了空间的层次感。

图4

电视墙的搁板造型别致，节省空间又具有很好的装饰效果，搭配一两个摆件，打造出了精致时尚的客厅空间。

① 中花白大理石
② 木纹地砖
③ 不锈钢条
④ 浅灰色网纹大理石
⑤ 银镜装饰线
⑥ 车边灰镜
⑦ 米黄色网纹玻化砖

箱式茶几
实木箱式茶几色彩沉稳，为空间增添了敦实厚重的感觉。
参考价格：1200~1400元

图1

凹凸造型的设计，让简洁的中花白大理石装饰造型更加丰富，让白石材有一份厚重感。

图2

灰白色网纹大理石的纹理清晰，有简洁质朴的视觉感，搭配金属条，更是平添了一份时尚气息。

图3

电视墙面采用米色木纹大理石作装饰，客厅增添一份暖意，同时配银镜作为装饰线，丰富层次的同时也让整个客厅的氛围更显和谐。

图4

白色人造大理石洁净素雅，搭配色镜面，个性时尚又富有层次感。

单人沙发椅
沙发椅的造型简洁，增强了空间
软装搭配的时尚感。
参考价格：600~800元

浅灰色网纹大理石

装饰灰镜

爵士白大理石

石膏板拓缝

仿岩墙砖

有色乳胶漆

[实用贴士]　**如何设计实用型电视墙**

　　如果客厅面积不大或者家里杂物很多，收纳功能就不可忽略。可将墙面做成装饰柜的样式，使其兼具一定收纳功能，可以敞开，也可封闭，但整个装饰柜的体积不宜太大，否则会显得拥挤而厚重。同时，在设计的时候，不要只考虑收纳的功能性，也应该注意收纳部位的美观性，令墙面同时具有装饰性。

装饰材料

天然砂岩

砂岩是一种无光污染、无辐射的优质天然石材,对人体无放射性伤害。

👍 优点

砂岩是一种暖色调的装饰用材,素雅而温馨,协调而不失华贵;具有石材质地,木材的纹理。其表面色彩丰富、贴近自然,在众多的石材中独具一格而被人称为"丽石"。砂岩还能与木质装饰材料形成搭配,营造出更具有特色的主题墙面。它与木材相比,不开裂、不变形、不腐烂、不褪色。

❗ 注意

砂岩可以采用干挂的方式进行安装,安装前先在墙面上画线,如果有预埋件的可焊接角码、主龙骨、次龙骨,再用金属挂件安装砂岩;没有预埋件的可使用化学锚栓安装主龙骨,然后安装次龙骨,再用金属挂件安装砂岩。

★ 推荐搭配

天然砂岩浮雕+木质装饰线+装饰镜面

天然砂岩浮雕+大理石

图1

立体造型的米黄色砂岩,色彩柔和,打造出一个淳朴、自然、舒适的空间氛围。

① 天然砂岩

② 白枫木装饰线

③ 雕花银镜

④ 皮革软包

⑤ 白枫木饰面板

⑥ 装饰硬包

黑色烤漆玻璃

中花白大理石

水曲柳饰面板

木质花格贴灰镜

白枫木装饰线

米黄色网纹大理石

不锈钢条

陶瓷摆件
陶瓷摆件的造型优美，线条简
约，展现出时尚的美感。
参考价格：80~120元

1

争的中花白大理石与黑色烤漆玻
搭配，简洁大气，色彩对比明快。

2

色壁纸的运用，缓解了黑白对比
强烈冲击感，让整个墙面呈现的
觉效果更加柔和。

3

见墙面的搭配简洁雅致，米黄色网
大理石色彩温润，棕色软包柔软而
急，整个墙面简洁而不失大气。

4

色石膏板搭配不锈钢条，让墙面
设计简洁时尚。

吊灯
球形水晶吊灯, 简洁大气, 营造出
梦幻时尚的空间氛围。
参考价格: 1800~2200元

图1

素色印花壁纸的装饰, 让墙面的
觉效果十分柔和, 再将白色线条
黑色烤漆玻璃融入其中, 则彰显
现代风格的时尚感。

图2

白色让电视墙呈现出洁净素雅的
觉效果, 也缓解了深色家具带来
压抑感。

图3

装饰硬包与镜面的组合, 让电视
呈现的视觉效果十分丰富, 在灯
的衬托下, 更显时尚。

图4

印花壁布带有浓郁的复古情怀,
现代欧式风格空间增添了一份
韵味。

① 印花壁纸

② 米白色亚光墙砖

③ 装饰硬包

④ 装饰银镜

⑤ 白枫木装饰线

⑥ 白色玻化砖

饰材料

仿岩涂料

仿岩涂料是一种水性环保涂料，表面有颗，类似天然石材，相比瓷砖和石砖，仿岩涂料更经济实惠。

优点

仿岩涂料主要有厚浆型涂料、仿花岗石涂料撒哈拉系列涂料，由于涂料的成分不同，因此涂的表面颗粒大小也不同。仿岩涂料能营造出粗、原始的复古风情，适合用于极简风与现代风。

注意

由于仿岩涂料面漆的成分不同，其耐久性也同。通常来讲，亚克力面漆的耐久性为3~5年，氨酯面漆的耐久性为5~7年，氟树脂耐久性为~15年。通常来讲南方地区宜选用聚氨酯以上级的涂料。若选用耐久性差的涂料，每过几年需要更新一次，反而增加成本。

推荐搭配

仿岩涂料+不锈钢条

仿岩涂料+木质饰面板

1

色墙漆的质感突出，营造出一个富有原始风情的空间氛搭配不锈钢条，让墙面装饰更有层次。

① 不锈钢条

② 仿岩涂料

③ 中花白大理石

④ 木纹玻化砖

⑤ 装饰银镜

⑥ 石膏板拓缝

如何选择小户型电视墙的装饰材料

　　小户型客厅的面积有限，因此电视墙的体量不宜过大，颜色以深浅适宜的灰色为宜。在选材上，不适合使用那些太过毛糙或厚重的石材类材料，以免带来压抑感。可以用镜子装饰局部，从而带来扩大视觉空间的效果，但要注意镜子的面积不宜过大，否则容易给人造成眼花缭乱的感觉。另外，壁纸类材料往往可以带给小户型空间温馨、多变的视觉效果，深得人们的喜爱。

① 黑色烤漆玻璃
② 车边灰镜
③ 皮革软包
④ 泰柚木饰面板
⑤ 实木装饰立柱
⑥ 木纹大理石
⑦ 中花白大理石

装饰灰镜

木纹大理石

浅米色网纹大理石

黑色烤漆玻璃

原木饰面板

石膏板拓缝

印花壁纸

1

光的衬托让木纹大理石的纹理
加清晰，通过材质的表面纹理来
升搭配的层次感。

2

色网纹大理石呈现出洁净光亮的
觉效果，搭配白色木质线条，简
大气。

3

木色与高级灰作为电视墙的主体
忠诚于自然本质，彰显出素朴、
敛的品位。

4

视墙的设计十分简洁，白色石膏板
素色印花壁纸，简单且不单调。

布艺沙发
灰色布艺沙发，体现了现代风格
低调时尚的特点。
参考价格：2000~2600元

青砖

　　青砖是选用天然黏土精制而成的,烧制后青黑色。

👍 优点

　　青砖既有一定的强度和耐久性,又因其孔而具有一定的保温隔热、隔声等优点,所以砖备受室内设计师的追捧。现代风格室内以砖来装饰墙面,体现了素雅、沉重、古朴、宁静感,给人一种返璞归真的美感。

❗ 注意

　　青砖在铺贴之前要浸砖,使用前必须清洗净,并提前一天用清水浸泡,使青砖切片充分收水分,防止青砖在铺贴完成后再次吸水造成形。青砖浸透水后取出晾干,表面无水迹后方使用(即外干内湿)。青砖浸水晾干时间视环境度而定,一般为12小时左右,即以青砖表面有湿感,但手按无水迹为准。

★ 推荐搭配

　　青砖+木质饰面板
　　青砖+木质装饰线+壁纸

图1

青砖装饰的电视墙,很有朴素的美感,让空间更富调,且物美价廉。

① 青砖
② 实木复合地板
③ 米白色网纹大理石
④ 黑胡桃木饰面板
⑤ 肌理壁纸
⑥ 白色乳胶漆

米白色洞石
浅咖啡色网纹大理石
装饰茶镜
印花壁纸
银镜装饰线
艺术地毯

1

白色搭配黑色,色彩对比明快且
会对视觉产生强烈的冲击感,柔
又显得时尚。

2

咖啡色网纹大理石与客厅家具色
彩成深浅对比,使整个客厅典雅
富有时尚感。

3

色作为电视墙的主体色,打造出
代风格奢华贵气的美感。

4

色与白色的搭配,色彩关系单
而和谐,彼此协调,衬托出空间
净与典雅。绿色植物的点缀,
面积不大,但呈现的视觉效果
表现力。

装饰花卉
颜色清秀淡雅的花卉,展现出现
代生活的精致。
参考价格:根据季节议价

① 镜面锦砖
② 雕花烤漆玻璃
③ 车边银镜
④ 爵士白大理石
⑤ 白枫木饰面板
⑥ 铁锈黄网纹大理石

布艺抱枕
柔软舒适的暖色调抱枕,让待客空间更显温馨。
参考价格: 40~60元

图1

多种材质的装饰,让电视墙的设计效果十分有层次感,打造出一个洁、通透、明亮的空间氛围。

图2

爵士白大理石洁白素净,搭配银色车镜面,整个墙面看起来清新又敞亮。

图3

深色胡桃木电视柜缓解了白色墙的单调感,让简约风格的客厅有丝沉稳雅致的意味。

图4

铁锈黄网纹大理石呈现出饱满的觉效果,即使电视墙面的设计十简单,也可以有效缓解单调感。

中花白大理石

木纹大理石

艺术地毯

装饰硬包

羊毛地毯

装饰银镜

1

花白大理石与黑色烤漆玻璃的搭
大气磅礴,具有很强的时尚感。

2

厅的电视墙选用木纹大理石,纹
清晰自然,又与整个空间的风格
协调,搭配黑色电视柜,将现代
格的简洁进行到底。

3

作为电视墙装饰,兼备了功能
美观性,充分利用硬包的吸声
,营造更加舒适的空间氛围。

的运用使空间看起来更加宽敞
,搭配米白色石膏板,柔和又
时尚感。

装饰绿植
阔叶植物,既能起到净化空气的
作用,又有良好的装饰效果。
参考价格:根据季节议价

① 白枫木装饰线
② 装饰硬包
③ 茶色镜面玻璃
④ 米色网纹大理石
⑤ 装饰黑镜
⑥ 车边银镜

茶几
石材与金属结合的茶几十分具有现代感。
参考价格: 1600~2000元

图1

深色印花壁纸与米色硬包通过白木质线条分隔，让墙饰的设计层显得十分丰富，并提升了整个空的颜值。

图2

灯光的衬托，让茶镜的装饰效果佳，搭配纹理清晰的大理石，层丰富，视觉效果饱满。

图3

整个客厅的设计简洁而硬朗，绿色植物及两三个随意摆放品，为空间增添了趣味性。

图4

壁纸、镜面、墙砖的深浅搭配，视墙的设计十分有层次感，使整空间看起来宽敞明亮。

不锈钢条

条纹壁纸

密度板拓缝

银镜装饰线

白枫木装饰线

电视柜

电视柜的造型简洁大方，大理石
与金属结合更显时尚。
参考价格：800~1200元

1

色烤漆玻璃的运用，缓解了大面
白色的单调感，让墙面设计呈现
简洁大气的视觉效果。

2

文壁纸给人带来视觉上的波动感，
设计简单的墙面增添了一份活力。

3

凡墙的设计十分简洁，直线条的
十分简约，通过不同材质的搭
来体现层次感。

[实用贴士] **如何使电视墙的设计与整体结构相协调**

电视墙的设计应与梁柱、隔断墙体、门窗洞结合起来考虑。由于建
筑结构的存在，对电视墙设计提出了要求，需要考虑梁与电视墙立面的
关系，门洞或通道与电视墙的关系，隔断与电视墙的关系。建筑结构和
电视墙共同形成了视觉空间层次，也共同构筑了一个立体的室内空间，梁、
柱和门洞等都是建筑空间的构成元素，通过对这些元素恰到好处的利用，
可以设计提炼出这些元素自身的空间特征。例如，在设计造型过程中，
根据户型的特点，有些会强化梁的特点，有些会强化柱子的特点，又有
的会强化门窗洞的特点。在电视墙的设计中引入这些元素，形成设计元
素上的风格效果。

图1

棕色壁纸、灰色镜面、白色石膏板整洁利落，彰显出现代风格的时大气。

图2

卷草图案壁纸，色彩素净淡雅，让计简单的电视墙，显得清爽干净。

图3

硬包的装饰图案十分富有时尚感与白色护墙板的搭配，呈现出的觉效果简约明快。

图4

电视墙两侧对称的造型，让墙面计更具平衡感，浅色印花壁纸+茶镜面+白色装饰线的搭配非常时尚

吊灯
方形吊灯的玻璃灯罩，通透时尚，十分具有简约美感。
参考价格：1200~1600元

① 石膏板拓缝
② 有色乳胶漆
③ 印花壁纸
④ 羊毛地毯
⑤ 装饰硬包
⑥ 茶色镜面玻璃
⑦ 白枫木装饰线

1

饰面板与玻璃的对比，让电视墙视觉效果更有张力，层次更加明，更时尚。

2

色印花壁纸的运用，形成深浅对，让墙面的设计层次更丰富，精美红色花艺让整个空间充满生气。

3

砖是整个墙面设计的亮点，精美的案，使墙面素雅而富有层次美感。

4

纹壁纸与中花白大理石的搭配增了视觉饱满度，保证合理搭配的同也增强了空间的层次感。

吸顶灯
水晶吸顶灯，简约通透，增强了空间的时尚感。
参考价格: 1800~2200元

黑色镜面玻璃
爵士白大理石
艺术墙砖
昆纺地毯
条纹壁纸
装饰茶镜
中花白大理石

黑色镜面玻璃

　　黑色镜面玻璃主要用作装饰用镜。因其黑色的外观能体现出庄重、神秘的气质而被广大爱好者所青睐。

👍 优点

　　现代风格居室中采用黑色镜面玻璃作为装饰，可以选用浅色木饰面板或白色石膏板与其搭配，使其在颜色上形成对比，展现设计上的张力。应用时可以将黑镜嵌入石膏板或木饰面板内，同时在黑镜的四边搭配装饰线，以形成立体的视觉效果。

❗ 注意

　　黑色镜面玻璃的安装工艺：清理基层—钉木龙骨架—钉衬板—固定玻璃。注意，玻璃厚度应为5~8mm。安装时严禁锤击和撬动，若不合适应取下重新安装。

★ 推荐搭配

　　黑色镜面玻璃+石膏装饰线+石膏板

　　黑色镜面玻璃+木质装饰线+木饰面板

图1

黑色镜面玻璃明亮的色泽和光洁的表面与石膏板形成鲜明的对比，让电视墙的设计更显时尚。

① 装饰黑镜

② 白枫木装饰线

③ 印花壁纸

④ 强化复合木地板

⑤ 仿木纹壁纸

1

纹壁纸的运用不仅能提升搭配的层感，还能给人带来视觉的延伸感。

2

士白大理石与茶色镜面的装饰，现的视觉效果十分饱满，描银木线条的加入，表现出现代欧式风时尚奢华的美感。

3

用搁板进行收纳或摆放一些小饰，可以为简洁的墙面设计增添一生趣与品位。

4

稳的木色，十分雅致，清新的木纹理是最天然的装饰，丰富又富层次。

落地灯
落地灯的设计造型简约大方，布艺灯罩让装饰效果更好。
参考价格: 800~1200元

条纹壁纸
石膏板拓缝
爵士白大理石
皮革软包
泰柚木饰面板

① 白枫木饰面板
② 爵士白大理石
③ 有色乳胶漆
④ 米色网纹大理石
⑤ 银镜装饰线
⑥ 黑色烤漆玻璃

茶几
多边形创意造型茶几的大理石饰面纹理清晰自然，给人一种坚实的美感。
参考价格：2000~2400元

图1

电视墙面设计坚持极简风格，可通过两幅装饰画及两三个摆件作墙面的装饰。

图2

爵士白大理石与素色墙漆的搭配简洁素雅，彰显出现代风格的简大气。

图3

高颜值的白色木质窗棂为整个视墙面增色不少，与温润的石材配，有很强的装饰作用。

图4

电视墙面选用白色壁纸与黑色烤玻璃作为装饰，通过灯光的呼应更具层次感。

水曲柳饰面板

混纺地毯

柚木饰面板

木质搁板

米黄色网纹玻化砖

黑色烤漆玻璃

石膏板拓缝

台灯

造型简约的台灯，光线柔和自然，营造出一个舒适温馨的空间氛围。

参考价格：400~600元

1

光的衬托，让木饰面板的纹理更突出，层次丰富且富有整体感。

2

木色与白色的搭配，简洁舒适，色植物的点缀，使空间融入一份然清爽的味道。

3

型绿色植物有效地缓解了黑色与色给视觉带来的冲击感，让整个间的氛围更加和谐。

4

石膏板粉刷成黑色来进行点缀，以缓解白色的单一，让墙面设计快而富有层次。

① 中花白大理石
② 布艺软包
③ 银镜装饰线
④ 米色大理石
⑤ 有色乳胶漆

布艺沙发
米色布艺沙发,打造出一个舒适自然的空间氛围。
参考价格: 2000~2400元

图1

中花白大理石是电视墙的设计点,清晰的纹理,令墙面充满了视层次变化,米色壁纸与收边线条搭配,缓解了黑白亮色的清冷感。

图2

电视墙面以直线条作为装饰,丰的材质搭配,缓解了设计造型的调感。

图3

以米色为基调的电视墙体现出雅的空间氛围,而非对称的设计型,使居室看起来整齐利落。

图4

空间中的色彩十分清雅,带来于自然的视觉效果,照片墙的运用添了别样的趣味性。

装饰银镜

无缝饰面板

印花壁纸

石膏板拓缝

水曲柳饰面板

布艺软包

布艺抱枕
布艺抱枕的颜色明快自然，成为空
间色彩搭配的亮点，为客厅注入无
限活力。
参考价格：40~80元

色无缝饰面板呈现出无与伦比
体感与时尚感。

壁纸的图案颇有复古韵味，搭
色石膏板简洁又不失雅致。

为墙面的主体色，表达出一种
纯粹的自然美感。

[实用贴士] **如何确定合理的视距和位置**

（1）确定观看位置是选择电视背景墙位置的第一步，任何非正对观看
者位置的墙面都不适合作为电视背景墙使用。

（2）应该根据电视屏幕大小来选择合适的观看距离，通常的观看距离
以电视屏幕对角线长度的 3.5～4 倍为宜。有一个简单的方法：坐在沙发
上，伸直手臂，如果手恰好遮挡住电视屏幕就说明距离正好合适。

（3）在确定了电视背景墙的位置后，还要考虑电视悬挂的高度，通常
以与双眼持平（或略高）为合理。

装饰材料

浅咖啡色网纹大理石

天然大理石的纹理和色泽浑然天成，适合造空间的时尚、华丽的质感。

👍 优点

浅咖啡色网纹大理石具有较高的强度和度，还具有耐磨和持久的特性，而且天然石材表面处理后可以获得优良的装饰性，能够很好搭配室内空间的装饰。空间宽敞的居室内使用纹大理石装饰，材料粗犷而坚硬，并且具有大条的图案，可以突出空间的气势。

❗ 注意

将大理石用于墙壁装饰时，宜采用干挂的式施工。且石材厚度至少要在3厘米以上，这种度便于在石材背后安装铁件，厚重的石材才能稳地固定在墙面上。

★ 推荐搭配

浅咖啡色网纹大理石+不锈钢条+装饰镜面
浅咖啡色网纹大理石+木装饰线+壁纸

图1

浅咖啡色网纹大理石的色调温润，与黑色镜面和白色理石搭配也不会显得太突兀。

① 黑色镜面玻璃

② 浅咖啡色网纹大理石

③ 车边银镜

④ 印花壁纸

⑤ 白枫木饰面板

⑥ 灰镜装饰线

装饰硬包

木纹大理石

印花壁纸

羊毛地毯

强化复合木地板

茶色镜面玻璃

米色网纹玻化砖

色烤漆玻璃让硬包的装饰层次更
突出,增强了空间搭配的时尚感。

色与棕色的搭配,深浅对比,自
而不失雅致的美感。

小碎花让空间散发着清新、自
浪漫的气息;搁板与墙面延伸为
,体现了设计的巧妙与整体感。

的雕花石膏板与茶色镜面搭
是墙面设计的亮点,与米色大
组合,呈现出时尚且不失雅致
觉效果。

布艺坐墩
柔软舒适的布艺坐墩,造型简洁
大方,体现了现代风格追求实用
的风格特点。
参考价格: 200~400元

吊灯
创意造型的吊灯让客厅更有时尚感,也给空间带来无限活力。
参考价格: 1800~2200元

① 爵士白大理石
② 银镜装饰线
③ 装饰银镜
④ 装饰硬包
⑤ 皮革软包
⑥ 有色乳胶漆

图1

利用爵士白大理石、金属线条、花壁纸作为装饰,线条简洁,丰了了空间的视觉层次,又吻合了现风格的选材及装饰理念。

图2

电视墙的配色及线条都十分简洁明了,硬包深深浅浅的色彩对比避免了空间的单调感。

图3

整体浅棕色的空间奠定了现代风格的时尚感,与镜面的搭配加凸显风格特质。

图4

墙面的设计十分简单,素色墙配白色电视柜,简洁明了的设彰显极简风格的特点。

不锈钢条

装饰银镜

云纹大理石

红樱桃木饰面板

米白色洞石

爵士白大理石

1

面的运用可以让空间看起来更宽
同时也让墙面的装饰层次变得
富起来。

2

见墙整墙采用云纹大理石作为装
整体感觉大气磅礴，很有张力。

3

工色木饰面板搭配米白色洞石，
中材质的质感十分突出，为现代
格居室增添了一份质朴的美感。

4

士白大理石的装饰，让电视墙显
告净素雅，不锈钢条的搭配，增
了一份时尚感，也彰显了现代风
钢材的别具一格。

大理石茶几
黑白根大理石饰面的茶几，纹理
清新自然，大气时尚。
参考价格：1800~2200元

① 黑色烤漆玻璃
② 布艺软包
③ 车边茶镜
④ 不锈钢条
⑤ 木纹大理石
⑥ 灰白色洞石

图1

黑色布艺软包装饰的电视墙，奠了空间的高雅格调，银色电视柜量不大，却体现出简约风格的至理念。

图2

米白色与茶色的结合令空间温馨足，也呈现出简约大气的视觉感。

图3

黄色系的石材与茶色镜面的运用为空间带来一份贵气感，绿色植及随意摆放的饰品，在细节处体出精心的搭配。

图4

运用黑色与灰色来装饰电视墙，加入适当的绿色植物，整个空间色彩非常有层次感。

茶几
皮质茶几的造型简约，充满时尚感。
参考价格: 1800~2200元

饰材料

釉面砖

釉面砖, 顾名思义就是表面经过施釉和高温压烧制处理的瓷砖。

优点

釉面砖有亮光釉面砖和亚光釉面砖两种。亮釉面砖, 砖体的釉面光洁干净, 光的反射性良, 亚光釉面砖, 砖体表面光洁度差, 对光的反射果差, 但给人的感觉比较柔和舒适, 适于客厅面的装饰。

注意

釉面砖在施工前要充分浸水3~5个小时, 浸不足容易导致砖体吸走水泥砂浆中的水分, 从使砖体黏结不牢固; 浸水不均匀则会导致砖平整度差异较大, 影响装饰效果。

推荐搭配

釉面砖+木质装饰线+壁纸

釉面砖+乳胶漆

釉面砖+装饰镜面+壁纸

见墙的整体色调统一, 整体感强, 釉面砖的双色拼好看耐用, 层次感丰富。

① 釉面砖
② 茶色镜面玻璃
③ 陶瓷锦砖
④ 中花白大理石
⑤ 装饰银镜
⑥ 爵士白大理石

① 爵士白大理石

② 彩色硅藻泥

③ 雪弗板雕花

④ 艺术墙贴

⑤ 白色板岩砖

⑥ 水曲柳饰面板

茶几
钢化玻璃茶几，通透时尚，展现出现代风格硬朗的格调。
参考价格: 1200~1400元

图1

大面积的白色让电视墙呈现干素雅的视觉效果, 运用灰色作为点缀, 地毯的蓝色缓解了单调感线条的设计令空间显得十分规整

图2

米色硅藻泥装饰的电视墙, 令空间的温馨感十足, 黑色镜面的运用奠定了空间简约的基调。

图3

小客厅中, 以白色作为背景色妙地缓解了小空间的局促感, 墙面的不规则图案充满设计感, 彰显客厅设计的时尚感。

图4

白色墙砖与木色饰面板给空间十分清雅、干净、自然的视觉效果

1

色调是打造现代风格简约时尚的选色调，不同明度的灰色，让色层次更加分明。

2

厅的整体配色以白色和米色为，电视墙面的中花白大理石，层次明，整体呈现温馨整洁的美感。

3

花壁纸为客厅注入一份自然清新感觉，搭配雕花灰镜，整体颇具尚感。

4

简的墙面设计，洁净素雅，材质搭配十分精致，展现出现代风格干净明快。

装饰画
组合装饰画的水平排列，让空间搭配更有平衡感。
参考价格: 200~400元

印花壁纸

直纹斑马木饰面板

中花白大理石

米色网纹玻化砖

雕花灰镜

黑胡桃木装饰线

爵士白大理石

图1

客厅的配色设计及线条都十分简洁明了,精致的水晶吊灯、柔软的布沙发及深色木质茶几等软装元素精心搭配,避免了空间的单调感。

图2

由石膏板的肌理造型装饰而成的视墙,既丰富了设计的层次感,为米色调空间增添了一份洁净感。

图3

客厅中的色彩十分整洁温馨,黑色金属组合茶几+白色电视柜,为质朴素雅的空间增添了明快的层次感。

图4

整个空间的设计十分简单,色彩亮丽丰富的布艺元素作为装饰点缀,提升了空间配色的层次。

① 车边银镜
② 铁锈黄网纹大理石
③ 石膏板肌理造型
④ 米黄色网纹亚光玻化砖
⑤ 密度板拓缝
⑥ 肌理壁纸

木纹大理石
黑色烤漆玻璃
木质搁板
白枫木装饰立柱
印花壁纸
艺术地毯

1

色烤漆玻璃让整个墙面尽显现代
格的时尚与硬朗，木纹大理石让
面的视觉效果柔和许多。

2

板的运用让简洁的墙面内容更加
富，随意摆放的精美饰品增添了
配的趣味性。

3

膏板的造型让电视墙的设计感更
，搭配素色印花壁纸，淡雅又不
时尚感。

茶几
钢化玻璃茶几的通透感，让整个
空间显得更加时尚。
参考价格: 1000~1600元

[实用贴士]

如何确定客厅电视墙的使用面积

客厅电视墙作为视觉的焦点，在设计时，其面积大小需与整个客厅空间比例相协调，要考虑客厅不同角度的视觉效果，在设计中不能过大或过小。

如果客厅面积较大，电视墙面也很宽，在设计的时候可以适当对该墙体进行一些几何分割，将平整的墙面塑造出立体的空间层次，起到点缀、衬托的作用，也可以起到区分墙面不同功能的作用。

如果客厅面积较小，电视墙面也很狭窄，在设计的时候就应该运用线条简洁、突出重点、增加空间进深的设计方法，如选择深远的色彩，选择统一甚至单一材质的方法，以起到调整视觉并完善空间效果的作用。

装饰材料

泰柚木饰面板

　　泰柚木质地坚硬，细密耐久，耐磨耐腐蚀，不易变形，是胀缩率最小的木材之一。泰柚木饰面板可广泛用于家具、墙面。

👍 优点

　　泰柚木用作墙面装饰，以在北欧风格、东南亚风格的家居中最为常见。其天然的纹理和色泽，可令空间呈现出浓郁的自然风情。

❗ 注意

　　挑选泰柚木饰面板时要注意，饰面板外观装饰性要好，材质应细致均匀、色泽清晰，木纹应美观，表面应没有疤痕。在实际使用中还要注意，配板与拼花时纹理应按一定规律排列，相邻板材木色应相近。

★ 推荐搭配

泰柚木饰面板+大理石

泰柚木饰面板+壁纸

泰柚木饰面板+装饰镜面+乳胶漆

图1

泰柚木饰面板的色彩给人带来质朴温润的视觉感受，与浅色石材搭配，彰显出客厅材质及色彩搭配的合理性。

① 泰柚木饰面板

② 米白色网纹大理石

③ 爵士白大理石

④ 木纹大理石

⑤ 车边茶镜

⑥ 强化复合木地板

时尚型客厅装饰材料

现代时尚型客厅的装饰多选用新型材料,讲究材料自身的质地和色彩搭配的效果及性能;采用合理的结构形式,造型简洁大方,新颖别致,充分体现功能、造型的合理搭配。

① 陶瓷锦砖

② 中花白大理石

③ 条纹壁纸

④ 白色板岩砖

⑤ 米白色洞石

⑥ 水曲柳饰面板

⑦ 云纹大理石

布艺抱枕
柔软的布艺抱枕,增强了空间的舒适度。
参考价格: 40~60元

① 中花白大理石
② 浅咖啡色网纹玻化砖
③ 印花壁纸
④ 白枫木饰面板
⑤ 云纹大理石
⑥ 黑色烤漆玻璃

休闲椅
休闲椅的颜色有效地缓解了浅
色调空间的单调感。
参考价格: 600~1000元

图1

利用中花白大理石、深色木饰面
装饰的电视墙，深浅对比明快，
材层次分明，彰显出现代风格的
约与大气。

图2

米色印花壁纸搭配暖色灯带，有
地缓解了白色墙面带来的单调感
深色家具让空间配色更加明快。

图3

墙面大理石的装饰，让客厅的氛
充满现代风格的张力与表现力。

图4

米色作为整个客厅的背景色，为
间带来雅致感，与少量的黑色形
对比，提升色彩层次且不会破坏
和的美感。

① 石膏板拓缝
② 黑色烤漆玻璃
③ 木质花格贴烤漆玻璃
④ 雕花烤漆玻璃
⑤ 木质花格
⑥ 条纹壁纸
⑦ 米黄色网纹玻化砖

[实用贴士]

如何体现客厅墙面的层次感

在客厅中相对面积较大的面，如顶面、墙面、地面，应该使用最浅的色度，而同一种颜色较深的色度应用在面积相对较小的面上，如窗帘、主题墙等，最后把最深的色度用在局部点缀上，如靠垫、饰品等，这样一个简约而又有层次的、丰富的客厅就大功告成了。

① 有色乳胶漆

② 米色玻化砖

③ 白枫木饰面板

④ 黑色烤漆玻璃

⑤ 白色乳胶漆

⑥ 强化复合木地板

装饰绿植
大型装饰绿植给空间带来一派
大自然的清新感。
参考价格：根据季节议价

彩色硅藻泥
米色玻化砖
白枫木装饰线
装饰银镜
实木地板
爵士白大理石
艺术地毯

色硅藻泥作为墙面装饰，墙面在
暖的灯光下有了质朴的感觉。

石膏装饰线搭配素色墙漆，简
而富有层次感。

与米黄色的搭配，色彩氛围十
谐，为房间增添了更多暖意。

与绿色的点缀，让以素色调为
色的客厅配色更有层次感。

落地灯
木质支架造型的落地灯简洁、时
尚，原木色支架更有一份自然的
感觉。
参考价格: 500~700元

茶几
原木色木质茶几, 纹理清晰, 为空间注入了一份自然气息。
参考价格: 600~800元

图1

客厅空间的色彩明快, 白色大理石的运用, 增添了空间的洁净感, 黑色与灰色的运用, 使整个空间时尚、耐看。

图2

客厅的设计搭配极富有时尚感, 清爽、明快的配色, 充满个性的选材, 彰显了简约、时尚的现代格调。

图3

客厅中没有过于复杂的设计装饰, 仅以白色为基底, 通过原木色家具和富有特色的软装饰品, 营造出自然简洁的日式家居氛围。

图4

彩色布艺抱枕的点缀丰富了整个客厅的色彩层次, 营造出一个活跃而明快的家居氛围。

① 爵士白大理石
② 黑色烤漆玻璃
③ 中花白大理石
④ 白色亚光玻化砖
⑤ 彩色硅藻泥
⑥ 艺术地毯

吊灯
圆形水晶吊灯的造型简洁、大气，让空间更有时尚感。
参考价格: 2000~2200元

图1

客厅中的硬装设计十分简单，灯饰、家具及饰品摆件等软装元素的精心布置，大大提升了空间的舒适度。

图2

云纹大理石丰富的层次是整个客厅装饰的亮点，让客厅呈现的视觉效果极富张力。

图3

客厅中软装饰品的色彩丰富，点缀出配色的层次感，也让整个空间的氛围更加活跃。

图4

以浅棕色为背景色的客厅，灰白色调的家具让空间十分富有表现力。

① 中花白大理石
② 米白色玻化砖
③ 云纹大理石
④ 肌理壁纸
⑤ 强化复合木地板
⑥ 皮纹壁纸
⑦ 灰镜装饰线

抛光墙砖

抛光墙砖是将通体砖坯体的表面经过打磨而成的一种光亮的砖，属通体砖的一种。

👍 优点

抛光墙砖能很好地协调居室内的色彩设计，而且贴墙砖是保护墙面免遭水溅的有效途径。它们不仅用于墙面，还用在门窗的边缘装饰上，是一种有趣的装饰元素。用于踢脚线处的装饰砖，不仅美观，而且可以保护墙基不被鞋或桌凳脚弄脏。

❶ 注意

铺贴抛光墙砖时应根据实际情况预留1~2mm的灰缝，以防黏结物与墙面砖胀缩系数不一致而出现脱离现象。铺贴应在基地凝实后进行，在铺贴时轻轻推放，使砖底与贴面平行，使之排出气泡，然后用木锤轻轻敲砖面，让砖底能全部吃浆，以免产生空鼓现象。再用木锤把砖面敲平整；同时，以水平尺测量，确保瓷砖铺贴水平。

★ 推荐搭配

抛光墙砖+装饰镜面+木质装饰线
抛光墙砖+不锈钢条

图1

淡绿色墙砖呈现自然的纹理，搭配大面积的镜面及木电视柜，让墙面层次瞬间丰富起来。

① 装饰银镜
② 抛光墙砖
③ 泰柚木饰面板
④ 云纹玻化砖
⑤ 黑色烤漆玻璃
⑥ 中花白大理石

吊灯
创意造型吊灯增强了空间设计
感,也更显时尚。
参考价格: 2000~2400元

选用经典的黑白配,黑色木质
具自由随性、简约怀旧,搭配精
挑选的布艺沙发及装饰画,将现
中式风格演绎得淋漓尽致。

色木饰面板搭配黑镜的立体造
让沙发墙的设计显得十分别
不仅使整个空间看起来十分明
也让其显得更加大气。

与白色的搭配舒适自然,几抹
的点缀,打造出一个有氧客厅。

的色彩明亮舒适,华丽的布艺
与不加修饰的家具搭配得当,
出一个华丽、舒适的空间。

木地板
花白大理石
纹玻化砖
色乳胶漆
古砖
造大理石
纹玻化砖

① 泰柚木饰面板

② 云纹大理石

③ 黑色镜面玻璃

④ 白色板岩砖

⑤ 艺术地毯

⑥ 木质搁板

⑦ 强化复合木地板

台灯
金属底座与米色羊皮纸搭配的台灯,光线柔和,装饰效果时尚。
参考价格:400~700元

金属摆件
天鹅造型的金属摆件,造型优美,线条简洁,极具艺术美感。
参考价格: 180~220元

布画、抱枕、布艺沙发、地毯等元
打破了白色的单调感,让客厅
更加生动。

2
的整体搭配十分简洁,电视墙
采用镜面与人造大理石作为装
简约而不失大气。

3
以米色为背景色,素雅恬静,同
呼应了布艺沙发的静谧色调。

墙面的墙饰彰显了现代风格的时
息,浅色的墙面搭配深色布艺沙
深浅对比强烈,别有一番美感。

枫木装饰立柱
古砖
饰灰镜
白色网纹玻化砖
光墙砖
色网纹人造大理石
纹玻化砖

① 无缝饰面板

② 云纹大理石

③ 装饰银镜

④ 黑色镜面玻璃

⑤ 中花白大理石

⑥ 皮革软包

⑦ 条纹壁纸

单人坐墩
皮质坐墩造型简洁，为待客空间
增添一份舒适感。
参考价格：400~700元

装饰材料

浅橡木饰面板吊顶

橡木由于产地不同，因此在颜色上可分为白橡木、黄橡木与红橡木三种。橡木的纹理清晰、鲜明，柔韧度与强度适中。

👍 优点

以浅色橡木作为木饰面板的贴面，在北欧、混搭等风格的顶面装饰中十分常见。因为橡木的木质细密，表面纹理清晰、自然，色泽淡雅，能够轻而易举地营造出一个自然、淳朴的空间氛围。

❗ 注意

在选择浅橡木饰面板作为顶面装饰时，应注意与其他顶面装饰材料在颜色上的对比搭配，同时也要注意与家具色调的协调搭配，通过色彩与材质的装饰，来提升空间的层次感。

★ 推荐搭配

浅橡木饰面板吊顶+木质装饰线

浅橡木饰面板吊顶+平面石膏板

图1

浅橡木饰面板作为部分吊顶的装饰，色调温馨，与墙面及部分家具的颜色形成呼应，体现设计搭配的用心。

① 浅橡木饰面板吊顶

② 艺术地毯

③ 印花壁纸

④ 黑白根大理石波打线

⑤ 木纹壁纸

⑥ 米色网纹玻化砖

① 镜面锦砖

② 爵士白大理石

③ 茶色镜面玻璃

④ 肌理壁纸

⑤ 米色网纹大理石

茶几
椭圆形茶几采用钢化玻璃与金属作为材料，体现了现代风格家具的时尚感。
参考价格: 800~1200元

图1

镜面锦砖的运用, 有效地缓解了？沉稳的氛围, 增添了一份时尚感。

图2

墙面两侧采用茶镜作为装饰, 对的造型令空间显得十分规整, 同也缓解了大面积白色的单调, 让彩更有层次。

图3

客厅的整体基调沉稳低调, 彩色艺抱枕、装饰画、灯饰、金属的搭配, 为空间增添了活力, 使觉效果更加丰富。

图4

以米色为基调的客厅, 整体氛围显沉闷, 可以利用深色小型家具饰品来提升配色层次。

壁饰
几何图案的装饰挂件,让空间搭
配更有创意。
参考价格: 300~500元

1

厅的整体基调十分沉稳雅致,彩
抱枕点缀其中,让人眼前一亮,
空间增添了一份自然的味道。

2

藻泥在灯光的衬托下显得质感十
,与镜面形成强烈对比,使电视
的设计十分富有层次。

3

花烤漆玻璃搭配米黄色网纹大
石,彰显出现代风格客厅时尚、
丽的美感。

4

砌的运用让墙面设计变化更加丰
同时与布艺沙发形成呼应,体
了搭配的用心。

无缝饰面板
米白色玻化砖
装饰灰镜
彩色硅藻泥
雕花烤漆玻璃
装饰灰镜

① 黑色烤漆玻璃
② 浅咖啡色网纹大理石
③ 银镜装饰线
④ 米色网纹玻化砖
⑤ 黑金沙大理石
⑥ 爵士白大理石
⑦ 车边茶镜

装饰绿植
阔叶植物为时尚的空间增添了无限的自然气息。
参考价格: 根据季节议价

白色乳胶漆

米色玻化砖

装饰硬包

陶瓷锦砖

米色大理石

车边银镜

羊毛地毯

1

色家具的搭配，有效地缓解了白
的单调感，素色布艺抱枕、装饰
、饰品摆件的点缀，让整个客厅
氛围简洁有序，自然美观。

2

浅棕色为背景色的客厅，彰显出
代风格的雅致感，黑色组合茶
、彩色布艺抱枕的搭配，让色彩
周更和谐。

3

于布局简洁，一切以舒适、自在
前提，选用米色、白色为背景色，
发墙选用浅棕红色软包作为装
再点缀色彩明快的布艺抱枕，
公自然之感油然而生。

4

马色调的客厅中，单人休闲椅是
于搭配中最亮眼的点缀，明快的
色让空间配色层次得到提升，也
虽了空间舒适度。

① 有色乳胶漆

② 条纹壁纸

③ 木质搁板

④ 木质花格

⑤ 艺术地毯

⑥ 米白色玻化砖

台灯
羊皮纸灯罩让台灯的光线更加柔和，从而打造出一个更加温馨舒适的空间氛围。
参考价格：400~500元

[实用贴士]

如何选购客厅板式家具

（1）表面质量。选购时主要看表面的板材是否有划痕、压痕、鼓泡、脱胶起皮和胶痕迹等缺陷；木纹图案是否自然流畅，不要有人工造作的感觉。

（2）制作质量。板式家具在制作中是由成型的板材经过裁锯、装饰封边、部件拼装组合而成的，其制作质量主要取决于裁锯质量、边和面的装饰质量及板件端口质量。

（3）金属件、塑料件的质量。板式家具均用金属件、塑料件作为紧固连接件，所以金属件的质量也决定了板式家具内在质量的好坏。金属件要求灵巧、光滑，表面电镀处理好，不能有锈迹、毛刺等，对配合件的精度要求更高。

（4）甲醛释放量。板式家具一般以刨花板和中密度纤维板为基材。消费者在选购时，打开门和抽屉，若能闻到一股刺激性异味，造成眼睛流泪或引起咳嗽等状况，则说明家具中甲醛释放量超过标准规定，不能选购这类板式家具。

图1

空间的色调较为清冷，浅色背景配深色木质家具，使客厅的氛围看起来十分雅致。

图2

极简主义风格的客厅，没有多余复杂设计，白色墙面搭配原木色家具，简洁自然。

图3

运用不对称的搁板装饰沙发墙，充分满足了收纳的需求。

不锈钢条

艺术地毯

实木地板

白色乳胶漆

强化复合木地板

黑色烤漆玻璃

木纹大理石

1

以米色、白色和木色为主色调的
厅中，一抹亮丽的红色，为客厅
添了一份明艳的美感。

2

厅设计呈现出极简的视觉效果，
色彩搭配上以白色与木色为主，
过少量彩色饰品的点缀，轻松休
之感油然而生。

3

彩色作为配色的客厅，表现出现代
各色彩搭配的张力及其时尚感。

4

色布艺沙发搭配黑色茶几，让整
客厅的氛围显得奢华而大气。

装饰画
抽象题材的装饰画，让空间极具
艺术气息。
参考价格: 200~300元

① 爵士白大理石

② 浅灰网纹大理石

③ 装饰茶镜

④ 黑色烤漆玻璃

⑤ 实木地板

⑥ 印花壁纸

⑦ 羊毛地毯

布艺沙发
布艺沙发的设计造型简洁大方，很符合人体工程学，也展现了现代风格家具的特点。
参考价格: 2000~2200元

图1

顶面、墙面、地面均采用白色仿
装饰，再用彩色装饰画、布艺抱枕
小型家具进行点缀，可以有效地
解白色的单调感。

图2

墙面大理石的运用，令居室呈现
时尚感，也表现出现代风格选材
简洁与大气。

图3

电视墙的撞色处理，是整个客厅
的设计亮点，彩色与材质融合恰
到好处，令整个居室十分协调。

图4

设计简洁的客厅中，浅灰色布艺沙
发及白色木质家具的搭配，呈现
现代简约时尚之感。

有色乳胶漆

白枫木装饰线

仿古砖

装饰硬包

无缝饰面板

装饰灰镜

中花白大理石

陶瓷鼓凳
明黄色陶瓷鼓凳，提升了整个客厅的色彩层次。
参考价格：1200~1400元

① 茶色镜面玻璃

② 米色玻化砖

③ 印花壁纸

④ 装饰银镜

⑤ 中花白大理石

⑥ 木纹玻化砖

> 布艺抱枕
> 三种颜色的抱枕有效地提升了空间的色彩层次。
> 参考价格：40~80元

图1

茶色镜面玻璃及白色石膏板装饰的电视墙，让客厅显得简洁、宽敞、明亮，使整个空间的设计非常具有层次感。

图2

照片墙的设计十分有艺术感，在美化空间的同时，也十分符合简约风格的特质。

图3

中花白大理石的装饰，使整个客厅呈现出简洁素净的视觉效果，也彰显了现代风格简约时尚的理念。

图4

大面积的白色奠定了客厅干净、素雅的格调，深棕色布艺沙发及彩色抱枕的点缀，中和了大面积白色带来的单调感。

装饰材料

半抛木纹砖

半抛木纹砖的表面相比其他木纹砖更加光滑，带有亮釉表层，纹理较深，具有很强的防滑性与耐磨性。

👍 优点

半抛木纹砖色泽淡雅，适用于现代风格、田园风格、日式风格等配色简洁的空间使用。此外，如果想让木纹砖更具有装饰效果，可以在设计铺装上花些心思，例如，采用斜铺或者人字拼等方式来代替传统的直纹铺装方式，这既能缓解直纹带来的视觉延伸感，又能缓解单一材质的单调。

❗ 注意

在选购半抛木纹砖时，可以直接以价格判断半抛木纹砖的品质好坏，因为高端的半抛木纹砖表面有原木的凹凸质感，年轮、木眼等纹理细节都入木三分，十分真实。因此烧成技术越好，价格越高。

★ 推荐搭配

半抛木纹砖人字拼+地毯

半抛木纹砖+木质踢脚线+地毯

图1

人字拼贴的木纹地砖，纹理造型十分丰富，为素净的客厅增添了温馨感。

① 中花白大理石

② 半抛木纹砖

③ 车边银镜

④ 爵士白大理石

⑤ 全抛木纹砖

⑥ 装饰硬包

① 有色乳胶漆

② 米色玻化砖

③ 白枫木装饰线

④ 车边银镜

⑤ 羊毛地毯

⑥ 米色网纹人造大理石

⑦ 木纹大理石

抱枕
绿色布艺抱枕，为客厅增添了一
份清新舒适的感觉。
参考价格：30~60元

吊灯
筒柱式吊灯造型简约大方，却不
失时尚感。
参考价格：500~700元

竟的运用，让电视墙的装饰效果
富有变化，同时也使空间配色更
□谐。

□
布画、布艺抱枕的点缀，让以白
□木色为主体色的客厅，更显从
□舒适。

□以白色和原木色为主，细微处
□清新的绿色，空间不大，却力
□致与优雅。

□明艳的黄色，是整个空间配色的
□之笔，打破了空间配色的单调。

□饰茶镜
□士白大理石
□化复合木地板
□色乳胶漆
□色玻化砖
□花白大理石
□咖啡色网纹大理石

① 彩色硅藻泥

② 艺术地毯

③ 无缝饰面板

④ 有色乳胶漆

⑤ 米白色玻化砖

坐墩
圆形皮革坐墩为现代风格空间
增添了一份时尚感。
参考价格: 400~600元

[实用贴士]

如何选购客厅沙发

（1）考虑舒适性。沙发的座位应以舒适为主，其坐面与靠背均应适合人体生理结构。

（2）注意因人而异。对老年人来说，沙发坐面的高度要适中。若太低，坐下、起来都不方便；对年轻夫妇来说，买沙发时还要考虑到将来孩子出生后的安全性与耐用性，沙发不要有尖硬的棱角，颜色选择鲜亮活泼一些的为宜。

（3）考虑房间大小。小房间宜用体积较小或小巧的实木或布艺沙发；大客厅摆放较大沙发并配备茶几，更显舒适大方。

（4）考虑沙发的可变性。由5~7个单独的沙发组合成的组合沙发具有可移动性、变化性，可根据需要变换其布局，随意性较强。

（5）考虑与家居风格相协调。沙发的面料、图案、颜色要与居室的整体风格相统一。先选购沙发，再购买其他客厅家具，也是一个不错的选择。

图1

装饰画、布艺短沙发、单人沙发等带有明快色彩的软装元素，让个客厅的色彩非常具有层次感，使空间氛围更显活跃。

图2

浅木色与浅灰色搭配的客厅空间呈现出简单、清爽的视觉效果，两种深色元素的点缀，给空间增一份明快感。

图3

极简风格的客厅中，以白色主，绿色与黑色的点缀，让空围显得清爽而明快。

有色乳胶漆
强化复合木地板
羊毛地毯
印花壁纸
艺术地毯
米色玻化砖

厅以浅咖啡色作为沙发墙的主
柔软的米白色沙发、圆形茶几
精美的印花地毯，从选材到配色
一分有层次感。

色与高级灰作为空间的主体
这样的搭配忠于自然本质，彰
朴素、雅致的品位。

选用白色与米色作为背景色，
出一个安稳舒适的空间氛围，
、灯饰、小边几的点缀，表现出
风格居室配色的大胆与用心。

的色彩搭配十分丰富，虽然点
的面积不大，但在客厅中具有
的表现力。

茶几
化玻璃茶几的造型简洁，材质
透，十分时尚。
参考价格：800~1000元

装饰画
装饰画的颜色互补,成为整个客厅最亮眼的装饰。
参考价格: 200~240元

图1

直纹木饰面板与黑色烤漆玻璃组装饰的电视墙,十分具有表现彰显了现代风格明快整洁的特点

图2

运用灰色、黑色与白色作为客要配色,奠定了空间的简约基客厅家具的设计线条饱满,集性与实用性于一体。

图3

沙发墙面选用三联装饰画作为装有效地丰富了空间的视觉效果。

图4

原木色与米白色的搭配,让客现简洁质朴的视觉效果,绿色间中较为亮眼的点缀,让客厅来更加清爽。

① 黑色烤漆玻璃
② 木纹玻化砖
③ 云纹大理石
④ 浅咖啡色网纹大理石
⑤ 白枫木饰面板
⑥ 无缝饰面板

水曲柳饰面板

装饰灰镜

肌理壁纸

条纹壁纸

白色玻化砖

木质格栅

柚木饰面板

沙发椅
实木支架的单人沙发椅,造型
简约,搭配皮革坐垫,质感更加
突出。
参考价格: 1200~1400元

吊灯
铜质灯架搭配白色磨砂玻璃灯罩，让灯光更加柔和，氛围更加温馨，视觉效果更华丽。
参考价格：2000~2400元

图1

客厅的硬装十分简单，精美的铜质吊灯、柔软的布艺沙发、古朴的实木茶几等软装元素的用心搭配，使整个客厅的氛围更加轻松愉悦。

图2

客厅整体设计简单，深色家具与白色墙漆的完美搭配，使整个空间既显得大气厚重，又温馨雅致。

图3

客厅的色调温和朴素，不张扬，电视墙采用中花白大理石作为装饰，简洁明快，体现了现代风格的特质。

图4

客厅空间的色彩明亮温馨，组合装饰画与浅色墙漆搭配，丰富了墙面的层次感，富有质感的皮质沙发使整个空间温馨、耐看。

① 云纹大理石
② 木纹玻化砖
③ 皮革软包
④ 中花白大理石
⑤ 强化复合木地板

装饰材料

烤漆玻璃（黑色）

烤漆玻璃是一种极富表现力的装饰玻璃品种，可以通过喷涂、滚涂、丝网印刷或者淋涂等方式来体现。

👍 优点

烤漆玻璃具有极强的装饰效果，在家庭装修中主要用于墙面的装饰。黑色烤漆玻璃具有大气磅礴的气势，用于现代或者简约风格的室内装饰比较合适。

❶ 注意

根据不同的制作方法，烤漆玻璃可分为油漆喷涂玻璃和彩色釉面玻璃两种。油漆喷涂玻璃色彩艳丽，多为单色；彩色釉面玻璃又分为低温彩色釉面玻璃和高温彩色釉面玻璃两种，其中低温彩色釉面玻璃的附着力相对较差，容易出现划伤、掉色的现象。

★ 推荐搭配

烤漆玻璃+大理石

烤漆玻璃+不锈钢条+壁纸

图1

黑色烤漆玻璃呈现出饱满的视觉效果，搭配白色大理石，强烈的色彩对比，让整个空间的氛围更加简洁。

① 黑色烤漆玻璃

② 米色玻化砖

③ 印花壁纸

④ 米色亚光地砖

⑤ 白色乳胶漆

⑥ 艺术地毯

① 有色乳胶漆

② 水曲柳饰面板

③ 米白色亚光玻化砖

④ 装饰硬包

⑤ 肌理壁纸

⑥ 装饰灰镜

⑦ 木质搁板

装饰画
三联黑白色调的装饰画，增添了
空间的艺术感。
参考价格: 600~800元

中花白大理石

黑胡桃木饰面板

黑色烤漆玻璃

无缝饰面板

有色乳胶漆

1

色植物的点缀，大大缓解了黑、

、灰为客厅带来的冷硬感，为空

主入一份清新自然的气息。

2

厅空间以黑色、白色为主色调，简

大气；简洁的实木电视柜、柔软的

色沙发和多边形茶几，让整个空间

见了独特的理性与优雅；蓝色皮质

凳和几何图案的抱枕提高了整个

司的亮度，调和了色彩层次。

3

色粗麻布沙发搭配浅木色家具，

显出洁净自然的日式格调。

4

灰蓝色的墙漆让客厅的氛围现

宁静、素雅，与白色、木色搭

显得简洁且有色彩层次感。

皮质长凳
长凳的颜色低调又不失时尚感，
让空间色彩更有层次。
参考价格: 800~1000元

① 装饰银镜
② 陶瓷锦砖
③ 黑色镜面玻璃
④ 白色硅藻泥
⑤ 实木复合地板
⑥ 白色玻化砖

坐墩
弯腿支架的坐墩，造型优美，给人一种古朴的感觉。
参考价格：600~1000元

图1

温和的米色营造出一个脱俗雅致的空间氛围，家具的设计颇具复古意味，打造出现代古典主义独特的美感。

图2

黑色烤漆玻璃与硅藻泥装饰的结合运用，形成色彩与质感的双重对比，使整个空间十分具有层次感。

图3

华丽清爽的软装布艺元素的运用，提升了整个空间配色的层次感，营造出一个休闲放松的空间氛围。

图4

选用米色网纹大理石来装饰电视墙，不需要复杂的设计造型，便能彰显出现代风格时尚大气的格调。

① 浮雕壁纸

② 木纹玻化砖

③ 艺术地毯

④ 木纹大理石

⑤ 陶瓷锦砖

⑥ 装饰灰镜

⑦ 强化复合木地板

[实用贴士]

如何设计客厅沙发墙

　　设计客厅沙发墙，要着眼于整体。沙发墙对整个客厅的装饰及家具起衬托作用，装饰不能过多、过滥，应以简洁为好，色调要明亮一些。灯光布置多以局部照明来处理，并与该区域的顶面灯光协调考虑。灯具尤其是灯泡应尽量隐蔽，灯光照度要求不高，光线应避免直射人的脸部。背阴客厅的沙发墙忌用沉闷的色调，宜选用浅米黄色柔丝光面砖，也可采用浅蓝色调和一下，在不破坏整体氛围的情况下，能突破暖色的沉闷，较好地起到调节居室感受的作用。

① 印花壁纸

② 有色乳胶漆

③ 黑白根大理石

④ 米白色洞石

⑤ 白色玻化砖

⑥ 黑色烤漆玻璃

⑦ 实木复合地板

白色人造大理石
洗白木纹砖
木纹壁纸
车边银镜
有色乳胶漆

1

厅的面积较小，选用浅色作为主
调，白色人造大理石的运用使空
更显通透，随意摆放的深色摆
让整体氛围更和谐。

2

观墙的设计赋予空间优雅的气
石膏板搭配镜面与壁纸，让设
层次更加丰富。

3

心挑选的水晶吊灯、色彩层次
月的装饰画、华丽的布艺抱枕、
次的布艺沙发等软装的精心搭
为简洁的客厅增添了浓浓的
韵感。

4

次的布艺沙发，增强了客厅的舒
，也提升了色彩层次。

布艺抱枕
抱枕柔软舒适，与布艺沙发相搭
配，让整个空间更加温馨。
参考价格：40~80元

吸顶灯
吸顶灯的造型简洁大方，展现出
现代风格灯具的时尚美感。
参考价格：1800~2200元

图1

客厅的整体氛围给人的感觉十分
净，灯光的完美搭配为客厅增温不少

图2

客厅的色彩十分清雅，给人带来
净、自然的视觉感受，充满生气
水族箱为原本素雅的空间增添了
样生机。

图3

客厅中无论是装饰材料、家具
是装饰品，都呈现出简洁明快的
觉效果，彰显了现代风格的特质

图4

深色茶几及地毯的运用，令空间
色彩搭配更有层次感，成为客厅
最为醒目的装饰。

① 白枫木饰面板
② 木质搁板
③ 强化复合木地板
④ 条纹壁纸
⑤ 白枫木装饰线
⑥ 印花壁纸

装饰画
造型各异的组合装饰画,增强了
空间装饰的趣味性。
参考价格: 40~80元

1

色与白色为主色的客厅,简洁淡
,用多种色彩的软装元素进行点
,增添了客厅的时尚感。

2

软的白色布艺沙发与家具,让这
客厅的视觉效果十分整洁干净,
两处彩色元素的点缀,让洁净的
厅增添了一份清新自然的美感。

3

厅中运用白色、灰色和原木色,
线所及之处没有多余的杂色,整
空间给人冷静的理性之感。

4

色墙漆和原木色护墙板让小空间
有压迫感,深色布艺沙发与几何
案抱枕让家变得无限温馨。

木质搁板
米白色玻化砖
肌理壁纸
白色板岩砖
直纹斑马木饰面板

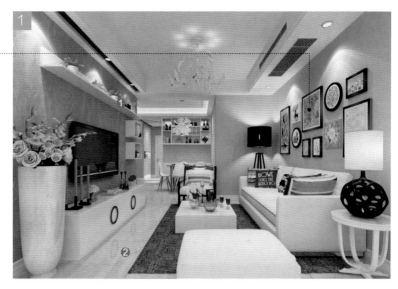

[实用贴士]　客厅墙面常见问题的处理方法

（1）对于带涂料的旧有墙面基层起皮的处理方法：用钢丝刷刷掉起皮的涂料面层，再刷界面剂，重新进行涂料施工。

（2）对于带涂料的旧有墙面基层裂缝的处理方法：开 V 形槽，挂抗碱玻纤网格布，用水泥砂浆抹面，批刮柔性腻子，最后进行涂料施工。

（3）对于旧有墙面涂料基层空鼓的处理方法：用云石机切除空鼓的墙面，再用多遍薄水泥砂浆抹面，达到原有墙面的高度后刷界面剂，最后进行涂料施工。

① 浅灰色人造大理石
② 装饰硬包
③ 无缝饰面板
④ 米色人造大理石
⑤ 强化复合木地板
⑥ 印花壁纸
⑦ 黑色烤漆玻璃

◎ 白枫木装饰立柱

◎ 白色玻化砖

◎ 木质搁板

◎ 印花壁纸

◎ 木纹大理石

◎ 有色乳胶漆

茶几
造型别致新颖的圆形茶几，展现
了现代风格的简洁与时尚。
参考价格: 600~800元

图1

以灰色与黑色为主体色的客厅，现出饱满时尚的视觉效果，明黄的点缀，使得空间充满活力。

图2

原木色装饰的电视墙，让整个客厅氛围典雅舒适，不规则造型的金墙饰，提升了整个空间的艺术感。

图3

客厅的整体基调沉稳雅致，一绿色的点缀，使得整个空间绿意然，充满自然活力。

图4

黑色木质家具让客厅空间的装饰果更有层次感，缓解了米色与木的单调感。

① 彩色硅藻泥
② 白色玻化砖
③ 水曲柳饰面板
④ 羊毛地毯
⑤ 印花壁纸
⑥ 无缝饰面板

壁饰
根雕壁饰让客厅的艺术气息更加浓郁。
参考价格: 2000~3000元

落地灯
落地灯整体造型简洁大方，展现出
温馨柔和的居室氛围。
参考价格: 400~600元

色沙发缓解了浅咖啡色背景墙给
厅带来的压抑感，增强了一份时
感与明快感。

与灰色的搭配让客厅的设计颇
及简风格的韵味，柔软的布艺沙
艺术感极强的装饰画、大型绿
植物的精心搭配，让客厅的舒适
到了提升。

锦砖、大理石、镜面的搭配，使
墙的设计更加丰富。

银镜具有极强的装饰效果，搭
色人造大理石，呈现出洁净且
的视觉效果。

纹大理石
花白大理石
术地毯
瓷锦砖
边黑镜
花银镜

装饰材料

钢化玻璃

钢化玻璃属于安全玻璃,它是一种预应力玻璃。为提高玻璃的强度,通常使用化学或物理方法来提高其承载能力,增强玻璃自身的抗风性、寒暑性及冲击性。

👍 优点

钢化玻璃的高安全性能,使其成为现代风格家居装饰中最常用到的装饰材料之一。利用钢化玻璃作为间隔或者推拉门的主要材料,简洁通透,在有效地分割空间的同时还不会对空间的采光造成影响,在小户型居室中的使用率极高。

❗ 注意

钢化后的玻璃不能再进行切割和加工,因此玻璃只能在钢化浅加工至需要的尺寸及形状时,再进行钢化处理。若计划使用钢化玻璃,需要精准的测量尺寸后再购买,否则会造成不必要的浪费。

★ 推荐搭配

钢化玻璃+木质装饰线

钢化玻璃+不锈钢条

图1

钢化玻璃作为间隔,让整个空间显得宽敞明亮,推拉的设计灵活又能节省空间。

① 中花白大理石

② 钢化玻璃

③ 灰镜装饰线

④ 装饰硬包

⑤ 米色网纹大理石

⑥ 有色乳胶漆

米白色网纹大理石

米白色玻化砖

黑镜装饰线

爵士白大理石

中花白大理石

白色乳胶漆

吊灯

吊灯选用手工玻璃作为灯罩，

使光线更加柔和，客厅氛围更

加温馨。

参考价格: 1600~2000元

① 车边银镜

② 灰白色网纹玻化砖

③ 木质花格

④ 车边灰镜

⑤ 中花白大理石

⑥ 雕花银镜

⑦ 爵士白大理石

时尚型餐厅装饰材料

现代时尚风格的餐厅在选材上不再局限于石材、木材、面砖等天然材料，而是将选择范围扩大到金属、涂料、玻璃、塑料等材料，总体来说设计搭配更具有灵活性。

Part **3**

时·尚·卷

餐 厅

有色乳胶漆

印花壁纸

雪弗板雕花

人造大理石踢脚线

木质踢脚线

白枫木装饰线

[实用贴士]　**餐厅装饰材料的选择要素**

　　装饰材料的软硬、粗细、凹凸、轻重、疏密、冷暖等质感是选材时必须要考虑的因素。相同的材料可以有不同的质感，如光面大理石与烧毛面大理石、镜面不锈钢板与拉丝不锈钢板等。一般而言，粗糙不平的表面能给人以粗犷豪迈感，而光滑、细致的平面则给人以细腻、精致美，可根据不同的风格进行选择。另外，餐厅装饰材料还应该具备耐污性、耐火性、耐水性、耐磨性、耐腐蚀性等一些最基本的使用性能，这些基本性能可保证在长期使用过程中经久常新，保持其原有的装饰效果。

吊灯
吊灯上的小鸟装饰让生活充满趣味性。
参考价格: 1800~2000元

图1

嵌入式餐边柜及现代风格餐桌，分展现出现代风格简洁的设计念，装饰画、灯饰、花艺等，丰富空间搭配层次。

图2

长方形水晶吊灯简洁大气的设计奠定了餐厅的时尚基调，金属元餐桌椅更是彰显出现代风格整洁干净的特质。

图3

米色与白色作为餐厅的背景色，搭配暖色灯光，让整个氛围显得分舒心，高级灰的运用，尽显现风格的典雅大气。

图4

餐厅运用黄色装饰画与蓝色餐进行色彩搭配的互补，营造出一稍显活泼的用餐空间。

① 黑白根大理石波打线
② 白色乳胶漆
③ 肌理壁纸
④ 实木复合地板

装饰画
黑白色调的装饰画, 为用餐空间注
入了浓郁的艺术气息。
参考价格: 100~200元

1

寓隔断的造型简洁大气, 装饰效
极佳, 有效地进行空间分割的同
也为带有古典韵味的中式风格
于带来了时尚感。

2

花银镜营造出一个层次变化丰富
餐厅空间, 同时也让整个空间显
更加宽敞、明快。

3

于与玄关相连, 造型简单、结实
用的实木地板, 增强了空间的整
或。

4

石罗马柱装饰在餐厅中, 为餐厅
添了一份古典欧式风格的奢华感。

洗艺隔断

木纹玻化砖

雕花银镜

有色乳胶漆

实木地板

大理石罗马柱

黑金花大理石波打线

松木板吊顶

松木板通常会经过烘干、脱脂去除有机化物，统一漂色、中和木材属性等一系列人工处理以提高木材的稳定性，使之不易变形。

👍 优点

松木板看起来相当厚实，用其进行吊顶装给人一种温暖的感觉，且具有环保性和稳定性因其为实木条直接连接而成，故比大芯板更保，更耐潮湿。

❗ 注意

选购时注意木板的厚薄、宽度要一致，纹要清晰。还应注意木板是否平整，是否起翘。选择颜色鲜明，略带红色的松木板，若色暗无泽，则说明是朽木。另外，用手指甲抠木板，如没有明显的印痕，那么木板的质量应为优等。

★ 推荐搭配

松木板吊顶+实木装饰线+石膏板

松木板吊顶+石膏装饰线+石膏板

图1

用松木板与石膏板搭配来装饰餐厅的顶棚，可以摆脱式上的单调，让设计更有层次。

① 松木板吊顶

② 米黄色网纹玻化砖

③ 胡桃木装饰线

④ 彩色硅藻泥

⑤ 磨砂玻璃

顶面局部采用银色壁纸作为装
饰灯光的衬托下更显华丽，彰显
代欧式风格的时尚美感。

别致的组合吊灯，彰显了设计
的个性与美感，是整个餐厅中
饰的亮点。

面积灰镜装饰的餐厅墙面，可
餐厅看起来更加宽敞明亮。

的设计风格让餐厅显得简洁大
家具线条饱满，搭配绿色植物，
厅更显自然。

吊灯
造型各异的吊灯让用餐空间充满
了后现代风格的艺术感。
参考价格：800~1200元

花壁纸
饰银镜
柚木饰面板
色板岩砖
白色网纹玻化砖
边灰镜
木质踢脚线

图1

暖色灯光的运用，缓解了灰色色给空间带来的冷硬感，浅蓝艺餐椅的点缀，让现代风格餐了一份清新的视觉感受。

图2

米白色与原木色装饰的餐厅，温馨，吊灯具有工业风的复感，让餐厅的搭配更有层次。

图3

黑、白、灰三种颜色搭配的餐厅洁大气，奠定了空间素雅的格运用米色地砖来装饰地面，提餐厅的视觉温度感。

图4

原木色让餐厅沉浸在自然温馨围当中，白色与绿色的点缀，空间在视觉上更显清爽。

吊灯
创意造型的吊灯，为用餐增添了强烈的时尚感。
参考价格: 1200~1600元

① 车边灰镜
② 木纹玻化砖
③ 强化复合木地板
④ 皮革软包
⑤ 米白色玻化砖
⑥ 无缝饰面板

1

白色装饰的餐厅墙面，洁净素
，深色家具搭配木色地板，缓解
白色的单调感。

2

白色调的餐厅，在水晶吊灯的衬
下，更显时尚华丽，精美的花艺
溉，让用餐氛围更加温馨自然。

3

戈咖啡色为背景色的餐厅，温馨
惟，白色餐桌椅搭配其中，为餐
节来一丝明快的时尚感。

4

本式餐边柜，增强了餐厅设计的
本感，装饰性与功能性兼备。

吊灯
长方形水晶吊灯，极具艺术美
感，也强调了现代风格的时尚。
参考价格: 2000~2200元

雪弗板雕花

尖木地板

长白色无缝玻化砖

几理壁纸

蓄砂玻璃

柔纹壁纸

水色玻化砖

装饰画
颜色清新淡雅的装饰画,让用餐氛围更加和谐。
参考价格: 80~200元

图1

深棕色餐桌椅,让餐厅的氛围显沉稳安逸,色彩层次丰富的装饰让空间基调更加活跃,让用餐氛更加舒适。

图2

餐厅墙面选用仿人造大理石作饰,纹理丰富且清新,彰显出现风格选材的张力与不凡的表现力

图3

餐椅与木地板的颜色相呼应,奠了餐厅沉稳、安逸的基调,白色光的运用,有效地提升了整体务的层次感。

图4

木饰面板的色泽温润,纹理清晰丰缓解了大量金属材质带来的冷意。

① 有色乳胶漆
② 云纹大理石
③ 不锈钢条
④ 强化复合木地板
⑤ 泰柚木饰面板

[实用贴士] **如何规划餐厅的空间布置**

黑白根大理石波打线
雪弗板雕花
车边银镜
木纹玻化砖
米色抛光砖
有色乳胶漆
米白色玻化砖

　　餐厅空间的布置，不仅要注意从厨房配餐到使用方便合理，还要体现出家庭团结和欢乐的气氛。用餐空间的大小，要结合整个居室空间的大小、用餐人数、家具尺寸等多种因素来决定。餐桌的造型一般有正方形、长方形、圆形等，而不同造型的餐桌所占的空间也是不同的。另外，餐厅里除了餐桌、餐椅等家具外，也可以根据条件来设置酒柜、收纳柜。一般盛饭菜用的器皿都会收藏在厨房内，而用餐时用的杯子、酒类、刀叉类、餐垫、餐巾等可以放在专门的收纳柜里或者酒柜里。

① 肌理壁纸

② 大理石踢脚线

③ 车边银镜

④ 木质花格

⑤ 木纹玻化砖

⑥ 白色乳胶漆

餐桌
大理石饰面的餐桌, 结实耐用又充满了时尚感。
参考价格: 2500~2800元

图1

黑色餐桌的运用, 有效地缓解了色给空间带来的单调感, 水晶灯、装饰画、花艺的精心搭配, 打出一个充满设计感的餐厅。

图2

以直线条为主的餐厅, 装饰结构简大气, 彰显了现代风格简约的美感。

图3

精美的灯饰与茶镜组合运用, 打出一个梦幻、时尚, 极富个性的用餐空间。

图4

若餐厅以黑白两色作为配色, 可以当地运用一些绿色植物进行点缀单调的用餐空间注入自然生机。

1

立式餐厅空间结构简洁有序，深
餐桌搭配米色布艺餐椅，最大限
地体现了质朴从容的生活格调。

2

面的装饰让餐厅呈现的视觉效果
分饱满，不规则的树干造型显得
吉时尚。

3

色背景色搭配深色家具，强烈的
比，使用餐氛围更显简洁明快。

4

厅的设计十分简单，四幅装饰画
释了白色墙面的单调感，使用餐
围更舒适。

吊灯
不同造型的吊灯组合在一起，营造
出一个简约大气的用餐空间。
参考价格: 800~1000元

磨砂玻璃

米色网纹玻化砖

密度板树干造型贴银镜

虽化复合木地板

与色乳胶漆

实木地板

装饰材料

雕花磨砂玻璃

雕花磨砂玻璃，是在磨砂玻璃的基础上雕丰富图案的一种装饰性很强的艺术玻璃。

👍 优点

与普通磨砂玻璃相比，雕花磨砂玻璃更具立体感。一般用于隔断、屏风、推拉门等处，在代家居装饰中应用十分广泛。

❗ 注意

雕花磨砂玻璃的日常保养并不麻烦，用软干擦或清水擦拭即可。对于立体感强、凹凸有的雕花玻璃，可以选用软毛牙刷擦去灰尘，清效果更佳。

★ 推荐搭配

雕花磨砂玻璃+车边银镜+壁纸

雕花磨砂玻璃+木质装饰线+乳胶漆

雕花磨砂玻璃+不锈钢条+木质饰面板

图1

雕花磨砂玻璃无论是用作墙面或是推拉门，都是不钅选择，亚光的质感与丰富的图案十分具有层次感。

① 雕花磨砂玻璃
② 车边银镜
③ 强化复合木地板
④ 白色乳胶漆
⑤ 仿洞石地砖
⑥ 米白色玻化砖

白色抛光墙砖
白色玻化砖
木纹壁纸
黑白根大理石波打线
装饰硬包
强化复合木地板
黑色烤漆玻璃

1

美的灯饰是餐厅装饰的亮点，暖
的灯光缓解了大面积白色的单调
青冷，一抹绿色的点缀为餐厅增
了一份清爽自然的气息。

2

式的空间设计，厨房与餐厅相
玻璃推拉门的设计轻快而灵
巧妙地建立了一个临时的独立
空间。

3

硬包的颜色与木地板的颜色
应，彰显了色彩搭配的整体
以及选材的用心。

式的收纳柜，美观实用，随意
的饰品增添了空间的趣味性。

餐椅
设计造型别致新颖的餐椅，是整个
餐厅装饰搭配的亮点。
参考价格: 600~800元

图1

餐桌椅的设计造型十分复古，饰
的线条搭配明快的颜色，为现代
格餐厅增添一份古朴雅致的美感

图2

深色餐桌椅的运用，缓解了白色
面、墙面及地面的单调感，餐边
中的各种摆设，也成为餐厅中不
或缺的点缀，从而打造出一个简
而不失层次感的用餐空间。

图3

在以原木色和白色为背景色的
中，适当地点缀一些绿色植物，
以为空间增添无限的自然生趣
墙采用嵌入式收纳柜作为装饰
以同时满足功能性与装饰性。

图4

设计感十足的吊灯，是餐厅中
亮眼的装饰，搭配灰色餐椅与
餐桌，打造出一个充满设计感
居环境。

① 雪弗板雕花

② 仿洞石地砖

③ 灰白色网纹玻化砖

④ 有色乳胶漆

⑤ 米白色亚光玻化砖

⑥ 强化复合木地板

1

座的设计十分巧妙,与边柜连成
体,体现设计的独具匠心,有效
解了小餐厅的局促感。

2

形吊灯为现代风格餐厅融入了一
复古情怀,彰显了混搭的美感。

3

座上方的照片墙是餐厅的设计亮
,既丰富了设计,又体现出有爱
瑧的家庭氛围。

4

桌与吊灯在色彩搭配上形成呼
,让餐厅的重心更有归属感,搭
也更加和谐。

装饰画
装饰画的排列让餐厅墙面设计
更有趣,更富艺术感。
参考价格:30~60元

木纹壁纸
米白色玻化砖
有色乳胶漆
木纹玻化砖
强化复合木地板
长黄色玻化砖

图1

原木色与米色的组合搭配，打造
一个自然而温馨的用餐空间，同时
加入少量的白色，让餐厅的整体感
觉更显干净、明快。

图2

餐桌椅的黑色金属边框设计，体现
现代风格家具的特点，同时也巧妙
缓解了空间色彩搭配的单调感。

图3

白色与木色的结合，令空间的温馨
感十足，也奠定了空间设计简约的
基调。收纳柜集装饰性与收纳性于
一体，体现出现代风格强调功能性
与实用性的特质。

图4

白色为主题色，奠定了餐厅干净、
素雅的格调，黑色与米色穿插其
中，中和了白色的单调感。

吊灯
透明玻璃灯罩搭配水晶装饰，时
尚又不失奢华气度。
参考价格: 2000~2200元

---

① 磨砂玻璃

② 木纹玻化砖

③ 浅橡木吊顶

④ 强化复合木地板

⑤ 木质搁板

黑金花大理石波打线
车边茶镜
米白色玻化砖
彩色硅藻泥
米色网纹亚光玻化砖
木纹玻化砖
有色乳胶漆

[实用贴士]

如何划分独立就餐区

　　住宅最好能单独开辟出一间作餐厅，但有些住宅并没有独立的餐厅。有的是餐厅与客厅连在一起，有的则是与厨房连在一起，在这样的情况下，可以通过一些装饰手段来人为地划分出一个相对独立的就餐区。如通过吊顶，使就餐区的高度与客厅或厨房不同；通过地面铺设不同色彩、不同质地、不同高度的装饰材料，在视觉上把就餐区与客厅或厨房区分开来；通过不同色彩、不同类型的灯光，来界定就餐区的范围；通过屏风、隔断，在空间上分割出就餐区等。

① 仿木纹壁纸
② 有色乳胶漆
③ 强化复合木地板
④ 车边银镜
⑤ 白色硅藻泥

装饰画
组合装饰画的色彩让进餐更有
食欲，氛围更加温馨。
参考价格：40~100元

图1

仿木纹壁纸装饰的餐厅墙面，充
自然的味道，彩色装饰画的点缀
使得空间色彩层次更加丰富。

图2

餐厅给人的视觉感十分温馨、
亮，餐椅的设计简洁而时尚，体
了餐厅软装搭配的设计感。

图3

餐厅空间的设计线条丰富，直线与
线的组合运用，令空间形态不显呆板

图4

餐厅的色彩简洁，深浅色调的组
搭配，让空间看起来十分理性，
合吊灯与墙面材质都彰显了后现
风格时尚简约的特性。

1

翁式吊灯、复古的家具,将美式
格演绎得淋漓尽致,墙面装饰画
运用,让空间有了一丝现代风格
时尚感。

2

瓦吊顶与水晶吊灯的搭配,让整
餐厅彰显出现代风格的奢华与时
的美感。

3

边镜面的装饰,为餐厅设计带来
丰富的层次感,暖色灯光的衬托
缓解了镜面及深色家具带来的冷
增添了空间的暖意。

4

色家具缓解了白色系的单调感,
戈对比强烈,增强了时尚感。

吊灯
水晶吊灯的运用,让现代风格居
室多了份奢华的美感。
参考价格:1800~2200元

方古砖

条纹壁纸

黑白根大理石波打线

丰边银镜

黑金花大理石波打线

米色玻化砖

装饰材料

彩绘玻璃

制作彩绘玻璃的工艺有两种, 一种是将经现代数码科技输出在胶片或合成纸上的彩色案, 使用工业胶黏剂粘在平板玻璃上; 还有一是纯手绘彩绘玻璃, 属于传统工艺。

👍 优点

彩绘玻璃是目前家居装修中运用较多的一装饰玻璃。彩绘玻璃图案丰富亮丽, 居室中恰运用彩绘玻璃, 能较自如地创造出一种赏心悦的和谐氛围, 增添浪漫迷人的现代情调。

❗ 注意

彩绘玻璃并非标准性产品, 因此尺寸、样的挑选空间很大, 有时没有完全相同的样品可参考。因此在挑选时, 应尽量参考类似的图案品, 以免出现想象与实际差别过大的状况。

★ 推荐搭配

彩绘玻璃+不锈钢条+乳胶漆

彩绘玻璃+木质装饰线+壁纸

图1

玻璃推拉门具有很好的灵活性与通透感, 利用彩绘玻作为装饰, 是个提高装饰性的好办法。

① 彩绘玻璃

② 仿皮纹壁纸

③ 装饰灰镜

④ 浅灰色网纹玻化砖

⑤ 条纹壁纸

⑥ 米色网纹玻化砖

装饰花卉
橙黄色的鲜花,让餐厅更加温馨,用餐更有情调。
参考价格:根据季节议价

1

米白色和原木色为主体色的餐厅,彩搭配显得颇有一丝沉稳的味,精美花艺的点缀,打破了空间的闷,带来一丝自然清爽的感觉。

2

面线条的装饰运用,让墙面设计有层次感,精致的工艺品画增加空间搭配感,让餐厅更显时尚。

3

厅的设计十分简洁,素色墙漆金属线条的修饰下,显得更加柔,使餐厅典雅且不失时尚感。

4

漆玻璃的运用彰显了现代风格的吉与大气,让餐厅呈现出十分饱的视觉效果。

有色乳胶漆
强化复合木地板
银镜装饰线
灰白色网纹玻化砖
不锈钢条
黑色烤漆玻璃

① 木质踢脚线
② 玻璃砖
③ 木质搁板
④ 陶质木纹砖
⑤ 有色乳胶漆
⑥ 米白色玻化砖

图1

餐厅的色彩搭配十分有层次感，白色与棕色过渡自然，使用餐氛围显和谐；吊灯是整个空间的装饰亮点，为餐厅带来一份工业风复古原始的美感。

图2

空间配色十分素净，给人的视觉十分干净、自然，然而通过其间的餐椅、吊灯、饰品摆件等软装元素的装饰，又避免了空间的单调性。

图3

黑色餐桌与白色餐椅的搭配，明亮而时尚，与浅米色墙漆搭配，令空间氛围整洁、明快又不失温馨感。

图4

餐桌上方一盏长方形吊灯，是整个空间搭配的亮点，充分体现了现代风格简约而不简单的设计理念。

餐桌
餐桌简洁大方，体现了北欧风格家具简约实用的特点。
参考价格：800~1200元

时尚型卧室装饰材料

卧室的装修总是以和谐、舒适为首要前提，为体现出时尚感可以选择一些出人意料的小摆件作为点缀。装饰材料要尽量选用一些带有温暖触感的材料，而玻璃、金属等带有刺激感的材料仅适合作为点缀使用。

Part ④

时·尚·卷

卧 室

[实用贴士] ## 如何选择卧室装修材料

卧室是供人们休息的地方，卧室的装修材料最好对睡眠有促进作用，因此建议选择温和一点的材料。目前卧室常见的装修材料有天然木材、乳胶漆和瓷砖。如果是儿童房，最好选用污染程度最小的天然木材，可以通过墙壁的颜色或者屋内的装饰来协调，以利于孩子健康成长。卧室墙面最好贴上壁纸，营造出温馨的氛围，壁纸的选择也应与主人的年龄、身份等相配。另外，卧室里不宜选择具有反光性的材料，否则会对睡眠产生很大的影响。

① 装饰硬包
② 不锈钢条
③ 白枫木百叶
④ 装饰灰镜
⑤ 羊毛地毯
⑥ 仿木纹壁纸
⑦ 无缝饰面板

① 肌理壁纸
② 强化复合木地板
③ 艺术地毯
④ 装饰硬包
⑤ 白色乳胶漆
⑥ 有色乳胶漆

图1

黑色装饰线条完美地融入墙面，
简洁的墙面富有层次感，搭配壁
与装饰画让卧室背景墙看起来简
有序、自然美观。

图2

将硬包设计成不规则的几何图案
高级灰的配色，充分体现了现代
格的时尚与大气。

图3

卧室给人的感觉整洁、干净，原木色
板更是为空间带来自然舒适的味道

图4

舒适的高靠背软包床是卧室中的
对主角，营造出一个高雅舒适的
息氛围。

台灯
水晶装饰床头台灯，营造出一个时
尚又舒适的睡眠氛围。
参考价格：600~800元

皮革软包
白色乳胶漆
肌理壁纸
仿古壁纸
装饰硬包
强化复合木地板

台灯
米色灯罩的台灯,让灯光更加柔
和温馨。
参考价格: 400~600元

与镜面的搭配让卧室墙面显得
匀而富有层次,奢华的水晶吊灯
卧室装饰的亮点,营造出一个梦
浪漫、时尚的空间。

卧室的色彩搭配温馨而淡雅,
装饰画的点缀,有效提升了空
的色彩层次。

软包的拼贴造型别致而富有个
为淡雅的卧室增添了一份活跃
美感。

仿文字的壁纸,使卧室的整体
显得古朴雅致,搭配颇具现代
的家具,整个空间散发着古今
的时尚感。

装饰材料

实木复合地板

实木复合地板是由不同树种的板材交错压而成的，克服了实木地板干缩湿胀的缺点，有较好的稳定性，并保留了实木地板的自然木和舒适的脚感。

👍 优点

实木复合地板兼具强化地板的稳定性与木地板的美观性，而且具有环保优势，也以其然木质感、容易安装维护、防腐防潮、抗菌且用于地热等优点受到许多家庭的青睐。

❗ 注意

实木复合地板不需要打蜡和油漆，同时切用砂纸打磨抛光。因为实木复合地板不同于实地板，它的表面本身就比较光滑，亮度也比较好打蜡反倒画蛇添足。

★ 推荐搭配

实木复合地板+木质踢脚线+地毯
实木复合地板+木质踢脚线

图1

原木色实木复合地板色调沉稳，与浅色墙面搭配，让室的氛围更加自然、亲切。

① 木质搁板
② 实木复合地板
③ 条纹壁纸
④ 羊毛地毯
⑤ 白枫木百叶

吊灯
造型个性时尚的吊灯,营造出一个
温馨舒适的睡眠空间。
参考价格: 1800~2200元

1

棕色与灰色搭配的卧室,沉稳安
,墙面两幅装饰画的色彩显得十
跳跃,彰显了现代风格的个性与
感。

2

纸、地板与地毯等元素的色彩相
调,缓解了白色的单调感,让卧
氛围更加和谐舒适。

3

室给人的感觉简洁而温馨,高靠
软包床与印花地毯的搭配,让睡
空间更显舒适。

4

色墙漆让卧室的氛围沉静安逸,
配别致的照片墙为卧室增添了一
舌泼感。

装饰硬包
艺术地毯
白枫木百叶
雕花灰镜
不锈钢条
有色乳胶漆

床品
床品复古的花纹为现代风格空间增添了一份朴素与雅致。
参考价格: 400~600元

图1

绿色与白色装饰的床头墙, 清爽明快, 打破了大面积米色带来的调感, 让整体氛围更放松、更舒适

图2

护墙板与地板的颜色及材质相同, 现了设计搭配的整体感, 让整个卧都沉浸在自然、安逸的氛围当中。

图3

大胆地选用黑色作为卧室墙面装饰色彩, 彰显了现代风格的个美, 原木色与白色恰到好处地调了黑色的压抑感, 令空间氛围自和谐。

图4

采光好的卧室中, 高级灰的大面运用, 不会带来任何不适感, 很彰显现代风格简约大气的美感。

① 密度板混油
② 泰柚木饰面板
③ 黑色硅藻泥
④ 无缝饰面板
⑤ 肌理壁纸

1

同深浅度的蓝色营造出一个安逸
舒的睡眠空间，深深浅浅的暗暖
条纹地毯则让空间的色彩基调更
口谐。

2

室中软装的搭配十分用心，精美
的饰与画品都极具艺术感。

3

与镜面的搭配，形成鲜明的对
，让卧室的墙面设计十分有层次
，也彰显了现代风格居室中色彩
的张力。

4

洁干净是卧室给人的第一印象，
地选用深色布艺元素作为点
，能缓解大面积浅色所带来的单
。

落地灯
光线柔和的落地灯，造型别致新
颖，让卧室流露出简约而唯美的
时尚风情。
参考价格：600~800元

限镜装饰线
理壁纸
木复合地板
装饰硬包
色乳胶漆

图1

卧室的空间不大，以抢眼的黑色E
壁纸作为床头背景，让人眼前一亮
与艺术感十足的装饰画组合搭配
大大提升了整个空间的设计感。

图2

暖色灯光搭配米色壁纸、床品
造出的空间氛围更显温馨舒适。

图3

卧室的色调温馨暖人，利用色彩
造空间层次感，深灰色与白色的
配，使得空间明快而干净。

图4

床头墙硬包的造型简约大气，扌
柔软的布艺饰品，让整个卧室
更显舒适与放松。

吊灯
米黄色羊皮纸灯罩让吊灯的光
线更加柔和、自然。
参考价格: 600~1000元

① 印花壁纸
② 木质踢脚线
③ 仿木纹壁纸
④ 木质搁板
⑤ 装饰硬包
⑥ 强化复合木地板

布艺软包
混纺地毯
印花壁纸
装饰硬包
装饰银镜
强化复合木地板

床品
纯棉质的布艺床品，让睡眠更加舒适，卧室氛围更温馨。
参考价格: 400~800元

1

室的色彩搭配给人的感觉十分轻
雅致，暖色灯光的运用，为卧室
温，使整体氛围十分和谐。

2

长色与白色为主体色的卧室安逸
予适，色彩饱满的装饰画及小型
具为空间增添了活力。

3

壁布的图案十分有表现力，彰
性的同时也很好地提升了整个
的色彩层次。

[实用贴士] **卧室装修如何隔声**

卧室应选择吸声性能、隔声性能都比较好的装饰材料，如触感柔细美观的布贴，具有保温、吸声功能的地毯和木质地板都是卧室装修材料的理想之选。大理石、花岗石、地砖等较为冷硬的材料则不太适合卧室使用。卧室里做隔声处理可以装隔声板，但要在原有的墙体上加厚20~30cm，才能达到较好的隔声效果。窗帘应选择遮光性、防热性、保温性以及隔声性较好的半透明的窗纱或双重花边的窗帘。若卧室里带有卫生间，则要考虑到地毯和木质地板怕潮湿的特性，卧室的地面应略高于卫生间，或者在卧室与卫生间之间用大理石、地砖设门槛，以防潮气。

① 肌理壁纸
② 强化复合木地板
③ 印花壁纸
④ 白枫木百叶
⑤ 车边灰镜

落地灯
落地灯的设计造型十分简单，通过暖色调的灯光让睡眠空间更加温馨。
参考价格：800~1000元

图1

沉稳的深色地板让以浅色为主体的卧室显得更加沉稳、安静。

图2

卧室的整体氛围十分温馨舒适，色调的背景色搭配暖色灯光，加深色小家具、装饰画及布艺，令间的色彩层次得到提升。

图3

米色印花壁纸装饰的卧室墙面，和素雅，彩色装饰画的点缀，提了配色层次，让居室氛围更加温舒适。

图4

灰镜的运用十分大胆，营造出一硬朗时尚的空间，与白色床品开鲜明对比，令整个空间的视觉效十分饱满。

彩色硅藻泥
白枫木百叶
装饰茶镜
艺术地毯
白枫木装饰线
装饰硬包
羊毛地毯

地毯
地毯的装饰图案简约大方，让卧
室更显优雅温馨。
参考价格: 600~800元

1

过抱枕、床品及地毯等布艺饰品
体现卧室空间配色的层次感，是
十分明智的选择，可随意更换且
济实惠。

2

彩华丽的布艺床品，有效地缓解
大面积白色所带来的单调感，为
弋风格卧室增添了时尚感。

3

室的硬装部分设计线条简单，用
冗稳，灯饰、家具及床品的搭配
空间带来一份简洁的明快感。

4

及灰的合理运用，使卧室的整体
果时尚大气，家具及饰品的材质
圣也彰显了现代风格的个性。

混纺地毯

混纺地毯品种很多,常以纯毛纤维和各种合成纤维混纺,或用羊毛与合成纤维混纺,如尼龙、锦纶等就是混合编织而成的。

👍 优点

混纺地毯的耐磨性能比纯羊毛地毯高很多,同时克服了化纤地毯易起静电、易吸尘的缺点,也克服了纯毛地毯易腐蚀等缺点。因此,混纺地毯具有保温、耐磨、抗虫蛀、强度高等优点。弹性、脚感比化纤地毯好,价格适中,特别适合在经济型装修的住宅中使用。

❗ 注意

地毯应及时清理或每天用吸尘器清理,不要等到大量污渍及污垢渗入地毯纤维后再清理,只有经常清理,才易于清洁。在清洗地毯时要注意将地毯下面的地板清扫干净。地毯铺用几年后,调放一下位置,使之磨损均匀。一旦有些地方出现凹凸不平,要轻轻拍打,或者用蒸气熨斗轻熨一下即可。

★ 推荐搭配

混纺地毯+木地板+木质踢脚线

图1

地毯可以为卧室增温,并提升整个空间的舒适度,地毯的颜色可以跟室内某一元素形成呼应,以体现设计的整体感。

① 黑胡桃木装饰线
② 混纺地毯
③ 陶质木纹地砖
④ 彩绘玻璃
⑤ 彩色硅藻泥
⑥ 有色乳胶漆

墙饰
成群的小鸟造型墙饰，增添了卧室的情调与活力。
参考价格: 150~200元

1

地板与地毯的颜色略显沉稳，为浅色调为主体色的卧室增添了一稳重感，更有助于睡眠。

2

色木窗棂隔断将书房与卧室完美割，保证了一定的私密性，同时具良好的装饰效果。

3

光好的卧室中，大胆地运用了黑烤漆玻璃作为墙面装饰，彰显了式风格家居装饰的格调与美感。

4

室中多处运用金属线条作为装 打破了空间的沉闷感，为卧室入一丝简洁硬朗的美感。

白枫木百叶
强化复合木地板
白枫木窗棂造型隔断
银镜装饰线
黑色烤漆玻璃
肌理壁纸

① 不锈钢条

② 艺术地毯

③ 有色乳胶漆

④ 印花壁纸

⑤ 实木复合地板

⑥ 白枫木百叶

床品
床品的颜色低调淡雅，展现了现代
风格低调内敛的一面。
参考价格：400~600元

图1

卧室以蓝色和白色为主色调，空
的迷人之处在于造型简洁明快，
造出清爽与活力的感觉。

图2

以浅棕色为基调的卧室，在白色
中和下并不会显得过分沉闷，反
呈现出一种优雅明快的视觉感受

图3

米色印花壁纸与深浅色调的布艺
品完美地融合，让卧室看起来
自然、温馨舒适。

图4

面积不大的卧室中，选用横向条
壁纸作为墙面装饰，具有良好的
觉延伸感，深浅搭配的条纹图案
次分明，简洁素雅。

有色乳胶漆

米色亚光玻化砖

印花壁纸

强化复合木地板

装饰硬包

艺术地毯

1

窗下方的小型榻榻米设计,为卧室
辟出一个更加放松休闲的小角落,
分展示出设计的用心与巧妙。

2

花壁纸的复古图案让卧室的墙面
计更具有观赏性,缓解了白色墙
与顶面的单调感。

3

色木质的软装元素勾勒出卧室墙
设计的层次感,为暖色调的空间
添一份洁净感。

4

室的墙面设计简洁而不失美感,
贡软包床、仿动物皮毛地毯等复
元素的加入,为卧室带来一份粗
约原始美感。

吊灯
吊灯的设计造型十分具有创意，
让空间极具现代感。
参考价格: 2200~2600元

① 装饰银镜
② 布艺软包
③ 黑色烤漆玻璃
④ 条纹壁纸
⑤ 实木地板
⑥ 白枫木装饰线
⑦ 装饰硬包

图1

装饰画是卧室中较为亮眼的装饰，
为卧室带来很强的艺术感。

图2

小卧室中，以浅色为主色调是十分
明智的选择，低矮的小型家具，
计线条简洁的灯饰，都能很好地
放空间，缓解局促感。

图3

白色石膏线与壁纸的完美结合，
设计简单的床头墙富有层次感，
现出现代欧式风格简约的美感。

图4

棕色硬包的运用，很好地缓解了
色顶面与墙面给空间带来的单
感，令睡眠空间更显简洁与舒适

① 艺术地毯
② 直纹斑马木饰面板
③ 强化复合木地板
④ 雪弗板雕花
⑤ 肌理壁纸
⑥ 竹木复合地板
⑦ 彩色硅藻泥

[**实用贴士**] **如何设计卧室墙面的装饰图案**

　　卧室墙面装饰设计一定要符合居住者个人的喜好和需求。现代时尚风格的墙面装饰图案多以带有一定个性化的几何图纹、立体线条为主，单独看这些造型时，可能显得有些杂乱无章，但基于大面积的设计、协调，装饰效果却很好。此外，也可尝试带有淡雅魅力的暗花图案，可以根据空间的主色调来选择相配套的装饰图案色彩，满足现代风格的时尚感。

床尾凳
柔软舒适的床尾凳，造型简单，充分体现了现代欧式风格的简洁与时尚。
参考价格：600~1000元

图1

卧室的面积很小，布置简单，少家具的摆放最大限度地保留了活动空间，再通过布艺软装的点缀，不招摇，又别有一番风味。

图2

卧室墙面的设计以实用性为出发，双色条纹壁纸搭配白色搁板及书桌，兼顾了书房与卧室的双重功能。

图3

床头墙的银镜线条十分有设计感，搭配棕色软包，质感突出、层次丰富，装饰效果极佳。

图4

床头墙选用棕色硬包作为装饰，简洁的装饰线条，设计层次更丰富；素雅的床品、精美的灯饰的家具，整个空间低调又不失活

① 白枫木百叶
② 条纹壁纸
③ 银镜装饰线
④ 仿木纹壁纸
⑤ 实木复合地板
⑥ 装饰硬包

装饰花艺
精美的花卉植物, 为空间增添了
不可或缺的自然气息。
参考价格: 根据季节议价

不锈钢条
黑色烤漆玻璃
肌理壁纸
布艺软包
羊毛地毯
方木纹壁纸

吊灯
将水晶吊灯的奢华感融入现代
风格的空间也别有一番韵味。
参考价格: 1800~2200元

图1

简洁的设计,浅色的基调,让臣
给人的整体感觉十分惬意、放松

图2

卧室中的装饰十分简洁温馨,卧
墙的印花壁纸与装饰画、低矮的
色电视柜和床头柜,一切都显得
单而美好。

图3

利用灰色来营造卧室静谧、安宁
睡眠环境,灰色条纹壁纸、部分
品及灯饰,无一不塑造着卧室沉
的格调。

图4

卧室以米色为背景色,搭配白色
具,使整个卧室空间明亮而优雅

① 茶色烤漆玻璃
② 实木地板
③ 印花壁纸
④ 艺术地毯
⑤ 条纹壁纸
⑥ 木质搁板

饰材料

吸声板

吸声板以白杨木纤维为原料，结合独特的无硬水泥黏合剂，采用连续操作工艺，在高温、高条件下制成。

优点

采用吸声板来装饰卧室墙面，既能起到吸、隔声的功能，保证卧室有一个安静、舒适的眠空间。同时还可以利用吸声板的独特造型，到很好的装饰效果。其强大的功能性和别具格的装饰性是其他装饰材料不能媲美的。

注意

在安装吸声板前，首先应对基面进行处理，持施工面的干燥与整洁。在有木龙骨的情况，从吸声板的侧面20mm厚度处斜角钉入普通不锈钢钉子；在没有木龙骨的情况下，一般采用胀螺钉把小段的木垫片固定在轻钢龙骨上，然将吸声板固定在木垫片上。如果墙面没有龙骨，采用玻璃胶或其他胶水直接将吸声板粘贴上可。

推荐搭配

吸声板+木质装饰线+壁纸

吸声板+木质装饰线+乳胶漆

吸声板设计成凹凸造型，提升装饰效果的同时，也可吸声功能发挥到最佳。

① 白色吸声板

② 实木复合地板

③ 印花壁纸

④ 白枫木百叶

⑤ 有色乳胶漆

⑥ 实木地板

台灯
紫色灯罩,营造出一个温馨浪漫
的睡眠空间。
参考价格: 400~600元

图1

淡紫色的灯光为以素色调为主的卧
室增添了一份浪漫。

图2

黑色与白色的床品简洁干练,木色作
为背景色,让卧室的氛围更显和谐。

图3

浅棕色与白色的搭配,保证了睡眠
的舒适性又带有一份时尚感。

图4

浅灰色壁纸的运用,时尚大气,使
整个卧室显得清爽干净。

① 印花壁纸
② 强化复合木地板
③ 条纹壁纸
④ 羊毛地毯
⑤ 装饰硬包
⑥ 肌理壁纸